生き物が老いるということ

死と長寿の進化論

稲垣栄洋
静岡大学大学院教授

765
中公新書ラクレ

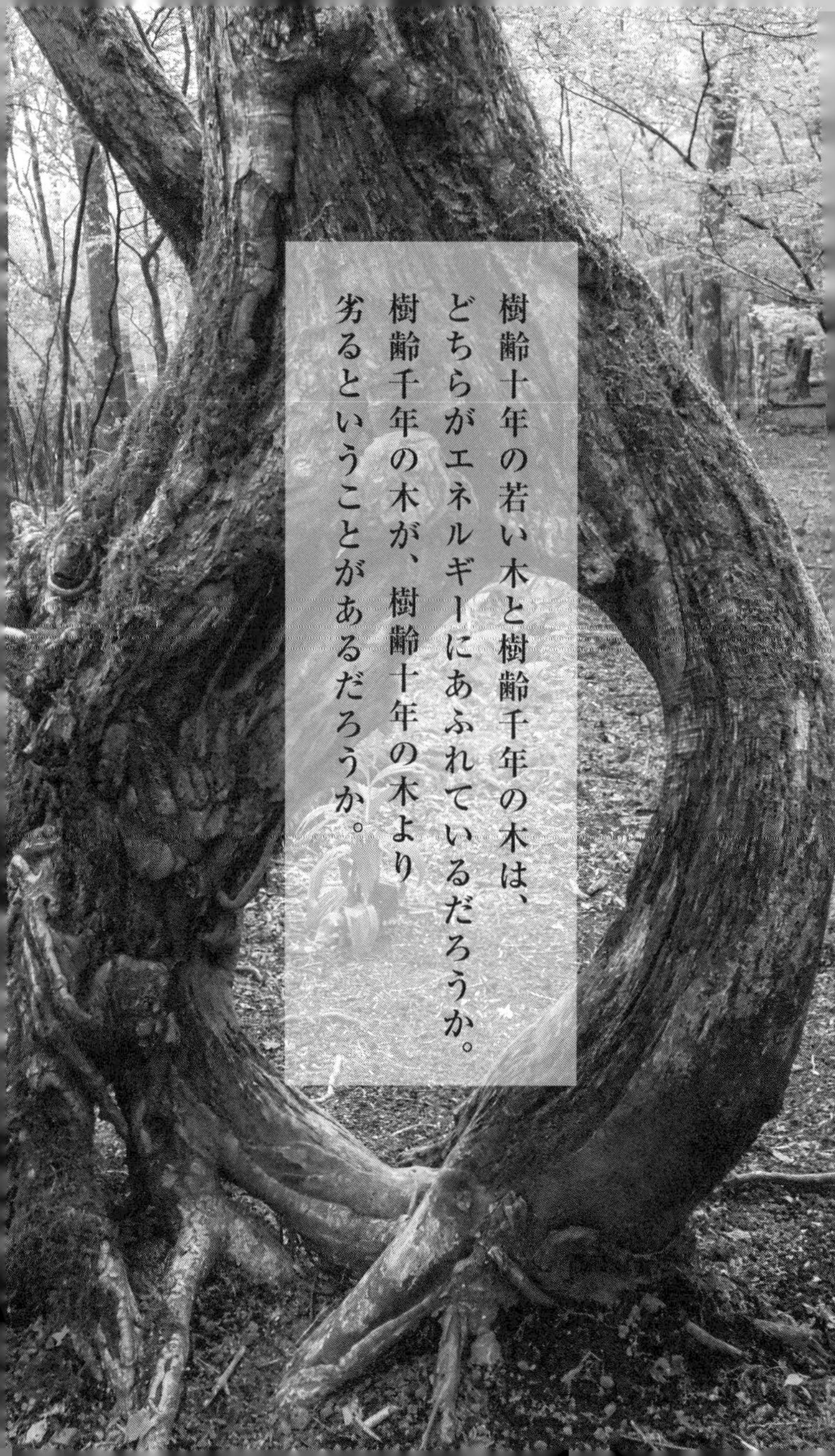

樹齢十年の若い木と樹齢千年の木は、
どちらがエネルギーにあふれているだろうか。
樹齢千年の木が、樹齢十年の木より
劣るということがあるだろうか。

はじめに

静岡にある私の家からは、富士山が見える。

富士山というのは、不思議な山で、毎日見ていても飽きることがない。

春のおぼろの中に浮かぶ淡い富士山もいい。
夏の若々しい青富士も美しい。
澄んだ空気の中に初雪が輝く秋の富士山も美しい。

しかし、何と言っても冬の富士山だ。
雪をまとい、堂々たる姿に見えるのは、やはり冬だ。冬の富士こそ、まさに霊峰というにふさわしい。

老いの季節は、人生の冬に喩《たと》えられる。
そうだとすれば、あの堂々と風格のある富士こそが、「老い」の姿である。
富士山を見ていれば、老いとは美しく、そして尊ぶべきステージだと思う。

人生は一日に喩えられる。
すがすがしい朝もいい。
太陽の光が降り注ぐ昼もいい。
しかし、夕暮れの美しさにはかなわない。
そして、夜になれば満天の星だ。
夕暮れや夜の時間を楽しまずして、何が人生だろう。

暗くなるのが嫌だからと電灯を煌々《こうこう》とつけていれば、いつまでも明るいが、美しい夕日を見ることはできないし、美しい星空を見ることもできない。

冬の富士山が美しいように、夕焼け空や星空が美しいように、老いの季節もまた、他にはない美しいものであるはずだ。

私は植物の研究をしているが、歳月を重ねた老木には畏敬の念を覚えずにはいられない。

老木の幹に触れれば、底知れぬエネルギーが手に伝わってくる気がする。歳月を経た老木には、魂が宿っているような気さえする。

もちろん、植物にも若いエネルギーというべきものはある。たとえば、かいわれ大根や豆もやしなどスプラウトに見られるように、その芽生えはエネルギーに満ちている。

また、ホウレンソウやコマツナなど葉物野菜は、まだ花の咲かない若い植物である。

確かに、葉物野菜は、みずみずしくフレッシュである。

しかし、その若いエネルギーは、老木が放つ重厚なエネルギーに比べると、どこか物足りなさを感じるような気もする。

やっぱり、まだまだ青いのだ。


私たちは誰もが老いる。

老いるのはイヤだと、誰もが思う。

老いることに抗《あらが》ってみたりもする。

それでも、誰もが老いる。

今日より明日、明日より明後日《あさって》、私たちは一日一日老いていく。


どうしてなのだろう？

「老いる」ということは、とても不思議な現象である。

生きるということも不思議だが、老いて死ぬということもまた、同じくらい不思議なことだ。

私たちにとって「老い」とは、いったい何なのだろうか？

生命にとって「老い」とは、いったい何なのだろうか？

「樹齢十年の若い木と樹齢千年の木は、どちらがエネルギーにあふれているだろうか。

樹齢千年の木が、樹齢十年の木より劣るということがあるだろうか」

本書では、そんな「なぞ」を考えてみたい。

目次

イラスト／市川洋介
写真／中島正晶
図表作成・本文ＤＴＰ／今井明子

生き物が老いるということ

死と長寿の進化論

第一章

「老い」は「実り」である

ある植物の物語

もう、その植物に生い茂る力はない。

葉の色もすっかり薄くなってしまい、あの青々と葉を茂らせていたときの様子は見る影もない。

それどころか、葉の色は日に日に色あせていく。

葉は、少しずつ水気を失って、枯れていく。

あんなに茂っていた葉も、今ではもう、次第に枯れていくばかりなのだ。

新しい葉をつけることもない。新しい茎を伸ばすこともない。

もう二度と、草丈が伸びることもなければ、茎が太くなることもないのだ。

もう花を咲かせることもない。

最後に花を咲かせたのは、ずいぶん前のことだ。

残された日々、その植物は、ただ枯れていくのだ。

しかし……

やがて、その植物は実を結ぶ。

その実りは黄金色に輝き、葉が枯れれば枯れるほど、実りは大きくなっていく。

そして日に日に、重たく重たくなっていく。

実れば実るほど、その植物は重たそうに、頭を下げていく。

このように、その植物は最後の最後に大いなる実りをもたらすのだ。

「実るほど頭《こうべ》を垂れる稲穂かな」

その植物は、イネである。

イネにとって「老いる」ことは、米を「実らせる」ことである。

植物であるイネにとって、もっとも重要なことは、米を実らせることである。葉を茂らせてせっせと光合成をしてきたのも、懸命に茎を伸ばし、稲穂に花を咲かせたのも、すべては、米を実らせるためなのだ。

そうであるとすれば、イネにとっては「老いの時期」こそが、もっとも重要な時期である。

いつまでも若々しいイネ

イネを知り尽くした農家の方が管理する田んぼでは、滅多にそんなことはないが、ときどき、秋になっても葉を青々とさせているイネを見かけることがある。

他の田んぼでは、イネは黄色く枯れているのに、その田んぼでは、イネはいつまでも緑の葉を茂らせている。

緑の葉で光合成を行い、茎も葉も旺盛に茂っている。

その姿は、とても若々しい。


しかし、どうだろう。

これらのイネでは、実りが遅れ、収穫される米も少ない。


じつは、土の中の肥料分が多すぎると、イネはいつまでも葉を成長させてしまうのだ。

窒素は、イネの成長には不可欠の大切なものである。しかし、それは茎や葉を茂らせるためのものだ。

しかし、米を実らせる「老いのステージ」のイネにとって、肥料はもう不必要なものである。

「老いのステージ」では、もう葉を茂らせる必要はない。イネは今まで蓄えた栄養分を集めて、米を実らせていく。

そして、田んぼは黄金色に輝くのだ。

農家の方はそれがよくわかっているから、イネの実りのステージには、肥料が切れるように肥培管理をしている。

一方、肥料分が多すぎると、イネは葉を茂らせることに夢中になってしまう。いつまでも、若々しく見えるイネは、本来あるべきイネの姿を忘れてしまっているのだ。

しかし、いつまでも夏が続くわけではない。

季節は巡り、確実に秋は深まっていく。

青々と若々しいイネにも、やがて寒い季節はやってくる。そして、若々しい姿のまま、その季節を迎えてしまうのだ。

「実って死んでいく」のか？

それとも「枯れて死んでいく」のか？

イネにとって、「老い」とは、新たな成長のステージである。

そして、それは、実りをもたらす最も重要なステージである。


これは、イネの話である。

しかし、どうだろう。

もしかすると……「老いる」ということは、私たち人間にとっても、こういうことなのではないだろうか。

「実り」という成長

イネには、大きく分けて三つの成長がある。

最初のステージは、茎を増やし、葉を茂らせるステージである。

田植えをしたとき、イネの苗はまだ、茎が一本である。実際には、この茎一本の苗は二、三本まとめて植え付けられる。

その後、イネの苗は、茎の数をぐんぐん増やし、勢いよく葉を茂らせていく。まさに伸び盛りの子どもたちや、若々しい青年を見るかのようだ。

このステージは、「栄養成長期」と呼ばれている。

しかし、やがてその成長は終わりを告げる。茎の数はピークを迎え、それ以上増えなくなるのである。

茎の数がピークを迎えると、イネは次に茎を伸ばす。そして、穂を出して花を咲かせるのだ。

このステージが「生殖成長期」である。

花を咲かせる、まさに大人の時代と言っていいだろう。

そして、花を咲かせた後は、イネは米を実らせる。このステージが「登熟期」と呼ばれるものである。

登熟期になると、イネはもう茎を増やすことも、葉を茂らせることもない。茎の高さが高くなることもない。「茎の数」や「茎の長さ」など、見た目の数字にこだわる人には、このイネは成長していないように見えるだろう。

図1 イネの成長ステージ

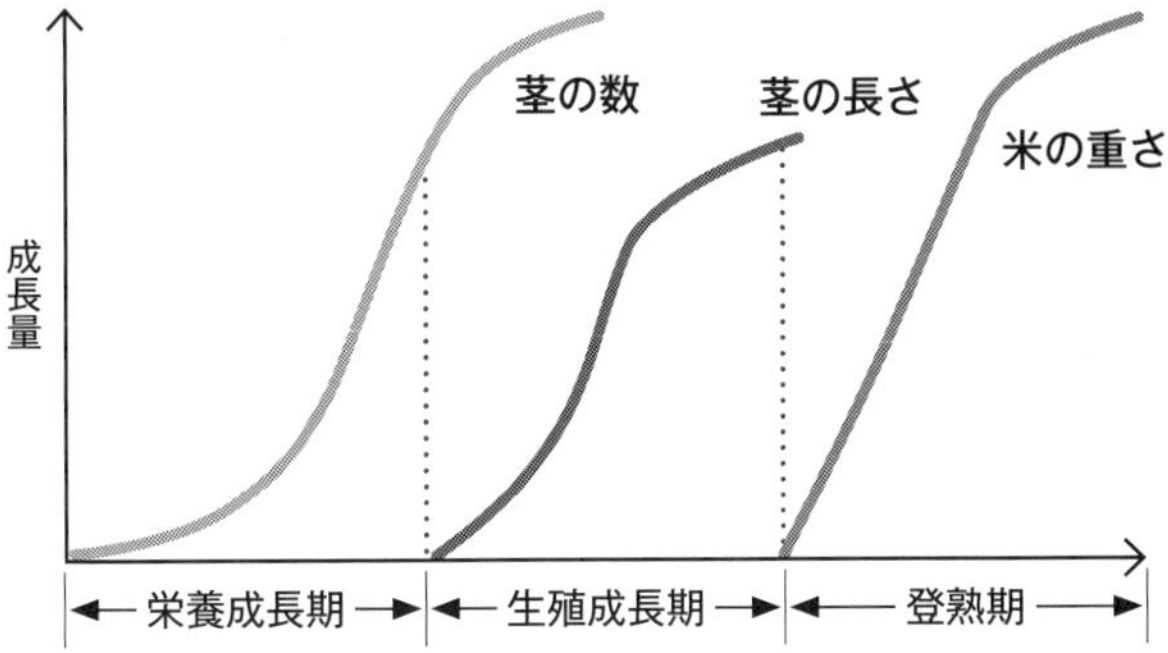

それどころか、茎や葉は枯れ上がり、日に日に衰えていくようにさえ見えることだろう。

しかし、真実は違う。

登熟期の成長は、外からは見えにくい。

このステージでは、これまでの成長で得た栄養分を米に蓄積していく。そして日に日に、米の重さが重たくなっていくのだ。

このステージの成長は、今までのステージとはまったく異なる。

若いイネでは持ち得なかった「米」を実らせていくのだ。

葉の栄養分を米に送り込む仕組みは「転流」と呼ばれている。イネは、これまでの栄養を転流によって

「米の実り」に変えていくのだ。

こうして、葉が枯れ上がる一方で、米は日々重くなっていく。

これが「登熟期」というイネの最後のステージの成長である。イネにとって、もっとも大切なものは「米」である。

この登熟期の成長で、イネの真価が問われるのだ。

成長とはステージが進むことである

生物にとって、成長とはステージが進むことである。

もし、生物が年を経ることが「老い」であるならば、生物は生まれた瞬間から老いていく。

もし、生物が年を経ることが「成長」であるならば、生物は死ぬまで成長を続けていく。

成長とは、単に大きくなることではない。

たとえば、大人のチョウと、その子どもであるイモムシを比べると、イモムシのほうが大きい。あるいは、大人のカエルと、その子どもであるオタマジャクシを比べると、オタマジャクシのほうが大きい。

成長とは、体が大きくなることではない。ステージが進んでいくことなのだ。

イモムシはサナギというステージを経て、チョウというステージに進む。オタマジャクシは後ろ足が生えて、前足が生えて、最後には、しっぽがなくなるというステージを迎える。

失うこともまた、成長なのだ。

そして、オタマジャクシはカエルというステージに進んでいくのである。人間にも「子どもの時代」と「大人の時代」というステージがある。そして、「老い」というステージがある。老いというステージに進んでいくと考えれば、「老い」もまた、成長なのだ。

待ちわびたステージ

「老い」は成長のステージである。そして、「老い」という成長は、これまでの成長とはまったく質の異なるものである。

たとえば、実りのステージに進んだイネは、どんなに上に伸びようとしても、もう上に伸びることはない。

どんなに葉を茂らせようとしても、もう新しい葉は出てこない。

「どうして上に伸びないのだ。どうして葉が増えないのだ」

無理に茎を伸ばそうとして、無理に葉を茂らせようとして、もがき苦しむだけだ。

成長は、確実に次のステージに進んでいる。できなくなったことを呪ってみても、仕方がないことだ。それよりも、今までできなかったことが、ついにできるようになったのだ。

「老い」は「米を実らせる」という成長である。

何のために、イネは伸びてきたのか、何のために葉を茂らせてきたのか。

他でもない、それは米を実らせるためである。「米を実らせる」という今までできなかったことが、ついにできるようになったのだ。イネにとっては、待ちわびたステージにたどりついたということだ。

それこそが老いのステージなのである。

刈られたイネも成長する

もちろん、枯れてしまおう、萎《しお》れてしまおう、と言うのではない。

実ること、これこそが、新たな成長なのだ。

実るために、古い葉は枯れるのだ。

今まではものさしで測る茎の長さを競ってきたかもしれない。カウンターで数えることのできる茎の数を競ってきたかもしれない。

しかし、もうものさしで測る成長は終わりなのだ。カウンターで数える成長は終わりなのだ。

「米の重さ」という、今までとはまったく違う成長をしなければならないのだ。

「老い」という成長では、これまでの真価が問われる。もう実りの秋である。もはや、茎の数や茎の高さを気にしている暇などないはずだ。

そんなことを言っても、イネは刈られてしまえば終わりではないか、と思うかもしれない。

確かにイネは人間によって刈り取られる。刈り取られてしまえば終わりのように見える。

しかし、そうではない。

昔ながらのやり方では、イネは刈り取られると天日で干される。

すると、どうだろう。

太陽の光を浴びながら、イネは葉に残された栄養分を、米に送り込む。わずかに残された栄養分を最後の最後まで振り絞って、イネは米を実らせていくのだ。

イネの成長は、刈り取られてさえも終わることはない。最後の最後の瞬間まで、イネは成長をやめることはない。その命が尽きる最後の最後まで、イネは米を実らせ続けるのだ。

それでは、私たちにとって「実り」とは何だろう?

イネにとっては、単にタネを残し、命をつなぐというだけのことなのかもしれない。しかし、私たち人間にとっては、単に子どもや孫を残せば良いというものではないはずだ。

そうだとすれば、私たちにとって、老いのステージでもたらされる「実り」とは何なのだろう?

私たちにとって大切な
「実り」とは何だろう？

コラム
老いを知る生き物
1

ツル

俗に、「鶴は千年、亀は万年」と言われる。

もちろん、ツルは千年生きるわけではない。ツルの寿命は野生でも二十～三十年あり、鳥の中でも長生きである。とはいえ、昔の人がツルを研究していたり、印をつけていたわけではないから、一羽ごとの区別も簡単にはつかない。そのため、昔の人が、ツルが長生きすると知っていたかどうかはわからない。優美な姿や、雌雄がペアで仲良くしているようすから、縁起が良いとされたのだろう。

「浦島太郎」は、カメを助けた浦島太郎が

竜宮城に行く昔話だ。

そして、地上に戻り乙姫さまからもらった玉手箱を開けた浦島太郎は、白髪のおじいさんになってしまったというのだ。

しかし、「浦島太郎」の元である「御伽草子《おとぎぞうし》」では、この話には続きがある。じつは、老人になった浦島太郎は、さらにツルに変身する。そして、カメとなった乙姫さまとともに、末永く幸せに暮らすというのである。

老いることなく、そのままツルに変身しても良さそうなものだが、浦島太郎は、一度、老人の姿になった。老いることは、高貴なツルになるために必要なステージだったのだ。そして、老いた先に幸せがあったのである。

老いることもなく、死ぬこともなく、若いまま生き続けることは、けっして幸せではなかったのだ。

江戸時代の禅僧である仙厓義梵《せんがいぎぼん》は、「鶴は千年、亀は万年」に続けて、「我は天年」と付け加えたという。

「千年も万年も生きることはできないが、ただ与えられた命を全うする」と言ったのである。示唆に富む言葉である。

第二章
「老い」が人類を発展させた

老いることのできる生き物

人間の特徴とは何だろうか？　そして、人間を人間として発達させたものは何だろう？

火や道具を使うようになったことは、間違いなく、その一つだろう。

あるいは、言葉や文字を使うようになったことも、そうだろう。

しかし、意外なことに……「老いる」こともまた、人間の特徴的な性質なのだという。

これは、どういうことだろう？

私たちは「老いて死ぬ」ことは当たり前だと思っているが、じつは、老いることのできる生物は少ない。

考えてみてほしい。

たとえば、セミは夏が終わると死んでしまう。この間まで元気に鳴いていたかと思うと、次の日には命が尽きてしまうのだ。カブトムシもトンボも若々しいときの姿そのままに、突然、寿命が尽きてしまう。

魚はどうだろう。

サケは卵を産むために、川を遡上することが知られている。しかし、あんなに力強く川を遡上してきたはずなのに、卵を産み終えるとあっけなく死んでしまう。

サケには「老いの時間」はないのだ。

こうして、多くの生物が、卵を産み落とし子孫を残すと、その寿命を終えるのである。

「老い」を獲得した人類

一方、私たち人間は老いる。老いて死ぬことは、特別なことなのだ。

もちろん、次のように思う方もいらっしゃるだろう。

「老いることは、人間の特徴だというが、ペットとして飼っているイヌやネコも年老いていくではないか」

その通りである。そういえば、動物園のゾウやライオンも、長生きして年老いていくイメージがある。

ただし、自然界で野生動物が老いることは難しい。体力が落ちれば、天敵に襲われたときに逃げ切れなかったり、暑さや寒さ、飢えなどを乗り越えることも難しくなる。そのため、少しでも衰えを見せた個体は、老いる前に死んでしまうのだ。

動物にとっても、老いることは特別なことである。

老いることのできるのは、ペットや動物園の動物など、人間が作り出した環境に暮らす動物だけである。

そして、その特別な環境を作り出した人間も、「老いる」ことのできる特別な動物なのだ。

火を手に入れ、道具を扱うように、人間は「老いる」ことを獲得したのだ。

昆虫の生存戦略

ペットとして飼っているイヌやネコは年老いるが、ペットとして飼っているカブトムシは老いることなく死んでしまう。

それでは、どんな生き物が老いるのだろうか。

金魚などの魚はどうだろう。金魚は年を取ると動きが鈍くなったりするが、イヌやネコのように老いさらばえるようなことはない。

カメやトカゲ、ヘビなどの爬虫類《はちゅうるい》をペットとして飼っている人もいるだろう。爬虫類も体が大きくなるが、哺乳類のような老化は見られない。

鳥はどうだろう。

セキセイインコやオウムは、老いる感じがする。

どうやら、鳥類や哺乳類は老いるようだ。

それでは、どうして鳥類や哺乳類は老いるのだろうか。

じつは、「老いる」ということには、生物の進化が関係している。

ここで、昆虫の生存戦略と、哺乳類の生存戦略を比較してみることにしよう。

昆虫の生存戦略の基本となるのが、「本能」である。

「本能」を高度に発達させたのが昆虫で、親から何も教わらなくても生きていくことができる。

たとえば、卵から生まれたばかりのカマキリの赤ちゃんは、誰に教わらなくても鎌を振り上げて小さな虫を捕らえて食べる。ミツバチは、誰に教わらなくても六角形の巣を作ることができる。そして、教わったわけでもないのにダンスをして仲間に花の蜜のありかを伝えるのだ。

虫たちは、「本能」という仕組みだけで、誰に教わらなくても生きていくために必要な行動を取ることができるのである。

それに比べると、私たち哺乳動物はずいぶん面倒である。

何しろ、生まれたばかりの赤ちゃんは、一人では生きていくことができない。かろうじておっぱいを飲むことくらいは教わらなくてもできるが、人間が本能でできるのはこれくらいである。

ライオンやオオカミなどの肉食動物の子どもは、親から獲物の捕り方を教わらなければ、狩りをすることさえできない。シマウマなどの草食動物も同じである。親が逃げれば、いっしょに逃げるが、そうでなければ、何が危険なのかさえわからない。

私たち哺乳動物にも本能はあるが、昆虫ほど完璧にプログラムされた本能は持ち合わせていない。教わらなければ何もできないのである。

どうして、私たち哺乳類は、昆虫のように本能で生きるような仕組みを発達させてこなかったのだろう。哺乳類は昆虫よりも、劣った存在なのだろうか？

「本能」の欠点

高度に発達した本能は、優れてはいるが欠点もある。

たとえば、今にも干上がりそうな道路の水たまりに、トンボが卵を産みつけていることがある。そんなところに卵を産めば、幼虫や卵が干上がってしまうのではないかと心配してしまうが、トンボは何食わぬ顔で平気で卵を産んでいく。

それどころか、地面に敷かれたブルーシートの上に卵を産むことさえある。水面と間違えてしまっているのだろうか。

トンボは、遠くから小さな虫を獲物として捕らえるほどの視力を持っている。その目でよく見れば、そこが卵を産むべき場所でないことは、容易にわかりそうなものである。おそらくは、「地上で陽《ひ》の光を反射させているところに卵を産む」とでもプログラムされているのだろう。その本能に従って卵を産んでしまうのである。

アスファルトの道路やブルーシートがない時代には、そのプログラムで問題はなかったはずだ。しかし残念ながら、人工物の多い現代では、そのプログラムに適合しない場所も多い。それでもトンボたちは、生まれながらに持つ本能のプログラムに従って、正しくない場所に卵を産んでしまうのである。

あるいは、狩人バチは、他の昆虫などを獲物として捕らえると、巣に持ち帰って幼虫のエサにする。だが巣に持ち帰る途中でエサを落としても、捜そうともせずに、そのまま巣に飛んで帰る。

あるいは、太陽の光で自分の位置を判断する昆虫たちは、暗闇に輝く電灯のまわりに集まってくる。

昆虫は、本能のプログラムに従って機械的に行動するために、誤った行動をしてしまうことがあるのである。

これが、本能の欠点である。

決まった環境であれば、プログラムに従って、正しく行動することができる。ところが、想定外のことが起こると、対応できないのである。

それでは、環境の変化に対応するためには、どのようにすれば良いのだろうか。

哺乳類の生存戦略

昆虫が高度な「本能」を発達させたのに対して、生きるための手段として高度な「知能」を発達させたのが、私たち人間を含む哺乳類である。

「知能」を進化させた哺乳類は、自分の頭で考え、どんな環境に対しても臨機応変に行動することができる。どんなに環境が変化したとしても、情報を処理して、状況を分析し、最適な行動を導き出す。これこそが、「知能」のなせる業である。

知能を持つ哺乳動物は、ブルーシートに卵を産んでいるトンボの行動が正しくないことをすぐに判断できるし、狩人バチのようにエサを落としてしまったら、すぐに捜して拾い上げる。太陽と電灯を間違えることもない。

このように、知能は極めて優れた能力を持つのである。

ところが、「知能」にも欠点がある。

長い進化の過程で磨かれてきた「本能」は、多くの場合、正しい行動を導くマニュアルである。本能には、解答が示されているのだ。

たとえば、地球の歴史を考えれば、長い間、ブルーシートなどというものはこの地球に存在していなかった。ブルーシートさえなければ、トンボの行動がエラーを起こすことはありえないのだ。また狩人バチがエサを落とすというアクシデントが、いったいどれほどの頻度で起こるだろう。滅多に起こらないリスクのために、複雑なプログラムを書き換えるほうが別のエラーを起こす原因となる。稀《まれ》にエサを落とした狩人バチがいたとしても、巣に帰ってから、もう一度、新たなエサを探しに行けばいいだけの話である。

一方の知能は、自分の頭で解答を導かなければならない。

たとえば、水面とブルーシートを識別するためには、水面とはどういうものなのか、ブルーシートとはどういうものなのかを認識し、水面とブルーシートの違いを自分の頭で理解しなければならない。

しかも、自分の頭で考えて導き出した解答が、正しいとは限らない。さんざん考え抜いた挙句、誤った行動を選んでしまうということは、私たち人間でもよくあることだ。

正しく判断をするために必要なもの

それでは、知能が正しい判断をするためには、どのようにすれば良いのだろうか。

状況を正しく分析するためには、データが必要である。

たとえば、トンボにとっては同じに見えても、私たちにとって水面とブルーシートはまったく違う。

それでは、水面とブルーシートはどこが違うのだろう。

「表面がキラキラと輝いている」というだけの情報では、トンボと同じように、水面とブルーシートを区別することはできない。

「ブルーシートは青い」と定義してみても、水面が青空を映していれば区別できない。

もちろん、触ったり、めくったりすれば、簡単に区別することができる。それは私たちが、「水面はそこに手を入れることができるが、めくることはできない」という情報を持っているからである。

もっとも、触らなくても水面とブルーシートは見た目がまったく違う。しかし、簡単に区別はつくが、どこが違うかと改めて問われてみると、説明することは意外と難しい。説明することはできないが、違うものは違うのだ。

知能を正しく使う準備

最近では、人工知能（ＡＩ）の発達がめざましい。ついには、人間に勝つことはありえないと言われた囲碁や将棋の世界でも、人間を打ち負かすほどになってしまった。

それを可能にしたのが、ＡＩの「ディープラーニング」である。

それまでは、人間がＡＩに将棋を教えていた。たとえば、人間が作り出した最高の囲碁や将棋の定石をコンピューターにインプットしていくのである。

定石というのは、それまでの研究によって、「こういう場面では、これが最善手である」と定められた法則のようなものである。しかし、これでは、コンピューターが人間よりも強くなることはない。

現在では、コンピューターは、自分を相手に対局を繰り返していく。コンピューターの計算速度であれば、これまで人類が経験したことのないような数の膨大な対局が可能となる。そして、その経験の中から、その場面の最善手を導くのである。これが「ディープラーニング」である。

膨大な情報量と経験によって、ＡＩは力を発揮するようになったのだ。

哺乳動物の知能も同じである。

正しい答えを導くためには、膨大な「情報」が必要となる。そして、その情報を元に成功と失敗を繰り返す「経験」が必要である。

何もインプットされていないコンピューターが、ただの箱であるのと同じように、何の情報も持たない知能は、まったく機能しない。もし、知識も経験もない赤ん坊であれば、水面とブルーシートの区別ができずに、池に落ちてしまうかもしれない。

私たちが「水面とブルーシートはまったく違う」「説明できないが、違うものは違う」と正しく判断できるのは、じつはこれまでの人生の膨大なデータと経験から導かれている。

知能を正しく使うには、知識と経験が必要である。

そして、その知識と経験を誰よりも持っているのが、私たち哺乳類の年長者なのである。

経験を積むのは命がけ

「知能」は優れた能力だが、それを使いこなすには、それなりの手間を掛けなければならない。

一年に満たないうちに生涯を終えてしまうような昆虫は、知能を使いこなすことができない。そのため、昆虫は生まれてすぐに決められた行動をすることができる「本能」を高度に発達させるほうを選択したのである。

知能を利用するためには、「経験」が必要である。

そして、経験とは「成功」と「失敗」を繰り返すことである。

囲碁や将棋のＡＩは、「こうしたから勝った」「こうしたから負けた」という経験を蓄積していく。

知能を発達させた哺乳動物もまったく同じだ。

成功と失敗を繰り返すことで、どうすれば成功するのか、どうしたら失敗するのかを学んでいく。そして、判断に必要な経験を積み重ねていくのである。

しかし、問題がある。

たとえば、シマウマにとって、「ライオンに襲われたら死んでしまうから、ライオンに追われたら逃げなければならない」ということは、生存に必要な極めて重要な情報である。しかし、だからといって、その情報を得るために「ライオンに襲われる」という経験をすれば、そのシマウマは死んでしまう。

成功と失敗を繰り返して、経験を積み重ねるためには、「失敗しても命に別状はない」という安全が保障されなければならないのである。

知能は育てなければならない

それでは、哺乳類はどうしているのだろう。

哺乳類は、「親が子どもを育てる」という特徴がある。

そのため、生存に必要な情報は親が教えてくれるのである。

たとえば、何も教わっていないシマウマの赤ちゃんは、どの生き物が危険で、どの生き物が安全かの区別ができない。何も知らない赤ちゃんは、ライオンを恐れるどころか、ライオンに近づいていってしまうこともある。

一方、ライオンの赤ちゃんも、どの生き物が獲物なのかを知らない。そこで、ライオンの親は、子どもに狩りの仕方を教える。ところがライオンの子どもは、親ライオンが練習用に取ってきた小動物と、仲良く遊んでしまうことさえある。教わらなければ何もわからないのだ。

シマウマの赤ちゃんも何も知らない。そのため、ライオンが来れば、シマウマの親は「逃げろ」と促して、走り出す。シマウマの子は訳もわからずに、親の後をついて走るだけだ。しかし、この経験を繰り返すことによって、シマウマの子どもはライオンが危険なものであり、ライオンに追いかけられたら逃げなければならないということを認識するのである。

親の保護があるから、哺乳類の子どもたちはたくさんの経験を積むことができる。

たとえば、哺乳類の子どもたちは、よく遊ぶ。

キツネやライオンなど肉食動物の子どもたちは、小動物を追いかけ回して遊ぶ。あるいは、兄弟姉妹でじゃれあったり、けんかしたりする。

こうした遊びは、「狩り」や「戦い」、「交尾」などの練習になっていると言われている。

そして、遊びを通して模擬的な成功と失敗を繰り返し、獲物を捕る方法や、仲間との接し方など、生きるために必要な知恵を学んでいくのである。

「子育て」が寿命を延ばした

夏の間、あんなにうるさく鳴いていたセミたちも、卵を産むと次々に死んでしまう。

あんなに力強く川を遡っていたサケたちも、卵を産み、子孫を残すと力尽きて死んでしまう。

多くの生物は、卵を産み落とすと、その生涯を閉じる。新しい世代を残したら、古い世代は去っていくというのが、生物の世界の掟《おきて》なのである。

しかし、哺乳類は違う。

哺乳類は次の世代を産んでも、「子どもを育てる」という大切な仕事が残されている。

そのため、哺乳類は子どもを産んでも死ぬことはなく、生き続ける。

そして、子どもを保護しながら、子どもにたくさんの経験と知識を与えなければならないのだ。それが「知能」を選択した哺乳類の戦略である。

こうして、哺乳類は、「子育て」という、少しだけ長い寿命を手に入れたのである。

そういえば、鳥類も子育てをする。卵を産んでも「ひなを育てる」という大切な仕事が残されている。

鳥類や哺乳類が「老いること」ができるのは、子育てをすることと無関係ではないのだ。

「おばあちゃん」の登場

人類は他の動物とは大きく異なる進化を遂げ、文明を切り拓いた。

二足歩行をすることも、人類を発展させただろう。火を使うことも、人類を発展させただろう。言葉を操ることも、人類を発展させせただろう。

ところが、驚くべきことに……、じつは「おばあちゃんがいる」ということも、人類を発展させたと言われている。

これはいったい、どういうことなのだろう。

子育てをするとは言っても、多くの哺乳類が一年くらいで子育てを終える。長くても、せいぜい数年程度である。

これに対して、人間は育児期間がとても長い。

現在では、成人になるのに一八年。もっとも成人した後も親のすねをかじっている場合も珍しくない。

昔は、十歳を超えると元服したとか、結婚したとか言う。今と比べればとても早いと感じるが、それでも一〇年以上も子育てをしていることになる。これは、哺乳類の中でも飛び抜けて長い。

人間はとにかく覚えることが多い。そのため、子ども時代が長くなるように進化してきたと言われている。そして、長い子ども時代を支えるように、人間は子育てのための寿命を延ばしてきたのである。

それだけではない。生物の歴史の中で、ついに、これまで存在しなかった「おばあちゃん」が登場したのである。

「おばあちゃん」という戦略

人間の女性は、ある年齢に達すると閉経して繁殖を行わなくなる。

新たな子孫を残すことができない彼女にできることは、子育てを助けることである。

彼女自身が新たな子どもを産むことができなくても、彼女の子どもの子どもである孫を危険から守り、繁殖できる大人にまで育てることができれば、将来的に、彼女の子孫は増える可能性が高まる。

もちろん、おばあちゃんがいなくても子育てはできるかもしれないが、何しろ人間の子育て期間はとても長く、教えるべきことが山のようにある。そのため、おばあちゃんが子育てに参加することは、とても効率的なのだ。

もちろん、動物も年を取って、おじいさんやおばあさんになることはできる。しかし、年を取った個体に価値はない。子どもが学ぶことは限られているからである。子どもを保護して、生き方を伝えるだけであれば、親だけで十分なのである。むしろ、体力が劣った年老いた個体は足手まといでしかない。獲物を捕ったり、天敵から逃げることを教えるのは、老体では無理なのだ。

そして、年老いた個体は、天敵に襲われたり、病気にかかったり、厳しい自然界を生き抜くことができずに、天寿を全うすることなく死んでしまう。

ところが、人間は違う。何しろ人間が人間として生きていくためには、たくさんのことを教えなければならないし、覚えなければならない。

たとえば火起こしの道具だけが残されていても、それを使って火をつけるのはなかなか難しい。小さな火種を作ったら、火口《ほくち》に火をつけて息を吹きかけて火を大きくする。子どもは、複雑な火起こしの方法を学ばなければならないし、火口の材料や、火起こしの道具の作り方も学ばなければならない。

人間の子どもが覚えなければならないこと、人間の大人が教えなければならないことは、格段に多いのだ。

「おばあちゃん仮説」

そこに、年寄りの出番がある。

もちろん、人間も年を取れば、体力が衰える。

肉食動物に襲われれば、逃げ遅れるのは年長者だろう。狩りをしたり、食べ物を集めてくるような能力は、若い人にはかなわないかもしれない。

しかし、若い人たちは、そんな体力的に弱い年長者を保護してきた。それは、年長者を保護することにメリットがあったからである。

年長者は、より多くの経験と知恵を蓄えている。か弱い人類が厳しい自然界を生き抜くためには、その経験と知恵が必要である。

人類が他の生物のように子どもを残してすぐに死んでしまったとしたら、火起こしの道具はあっても、子どもは火をつけることができないだろう。

あるいは他の哺乳類のように数年間、子育てをしてから子どもを独り立ちさせたらどうだろう。やはり、子どもが火をつけることは難しいかもしれない。

親子三代で家族を形成していれば、効率良く生きるために必要な知恵を親だけでなく、おばあちゃんも次の世代に伝えることができる。そのため、おばあちゃんを大切にする集団が有利となって生き残り、そして、おばあちゃんになることができる「長生き」という性質もまた発展を遂げていった。

おばあちゃんの登場によって、人類は急速に発達し、文明や文化を発達させていったのではないか。これが「おばあちゃん仮説」と呼ばれるものである。

もちろん、役に立ったのは、おばあちゃんだけではなく、おじいちゃんも同じである。しかし、閉経をして生殖能力を失った後でさえも、価値があるというわかりやすい象徴として「おばあちゃん仮説」と呼ばれているのだ。

長生きという進化

人類は弱い生き物である。

厳しい自然界の中にたった一人で放り出されれば、とても生きていくことはできない。

人類は群れを作り、村を作り、厳しい自然の中で生き残ってきた。そして、そこには、年寄りの「経験と知恵」が重要だったのである。

おそらく、おじいちゃんやおばあちゃんを大切にする集団は生き残り、おじいちゃんやおばあちゃんを活用しない集団は滅んでいった。

しかし、体力的に劣るおじいちゃんやおばあちゃんを集団の中に置いておくためには、その集団におじいちゃんやおばあちゃんを保護できるだけの力がなければならない。

おじいちゃんやおばあちゃんを大切にする集団は、経験や知恵で集団を発展させ、力をつけた。そして、その力で年寄りを保護したのである。

こうして、年寄りを活用する集団は、ますます力をつけていったことだろう。

そして人類の集団にとって、年を取っておじいちゃんやおばあちゃんになるということは、とても価値のあることとなった。その結果、人類は他の生物と比較して、とても長生きになったのだ。

生物は、生存に適した特徴が発達する。

年を取って長生きをするということは、人類にとって重要な進化だったのである。

一つの図書館

アフリカでは、「老人が一人死ぬということは、図書館が一つなくなるようなものだ」と言われている。

図書館ほどの知識はない、と謙遜される方もいるかもしれない。

しかし、そうではない。

私は、年寄りは、図書館一つ分以上の経験と知恵を持っていると思う。

経験とは、ビデオ映像に記録されるものではない。どんなに鮮明な映像がアーカイブされていたとしても、実際の経験にはかなわない。

知識とは、書物の中にだけあるわけではない。どんなに書物に記録されていても、実際に身につけた知恵にはかなわない。

その経験と知恵には、図書館もかなわない。「年寄り」とは、そういう存在なのだ。

そして、人類が知識によって栄えてきた種族なのだとすれば、年寄りの経験と知恵は、図書館一つ分以上の価値があるのだ。

そういえば、日本の昔話に「姥捨《うばす》て山」というのがあった。

「老人は、役に立たないから、山に捨てるように」という決まりを破った息子。しかし、殿さまが隣国から無理難題を吹っ掛けられたとき、年老いた母親が知恵を授け、殿さまを助ける。やがて、こんな知恵者のいる国にはとても勝てないと隣国は侵攻をあきらめるのである。そして、この知恵の出所が、年老いた母親であったことを知った殿さまは、「年寄りはありがたいものだから、捨ててはならない」と新たなお触れを出すのである。

この物語では、年寄りの知恵が、国を救ったのだ。

現代人にとって「知恵」とは何か

経験と知恵を伝えることこそが、老人の価値である。

とはいえ、現代は、変化のスピードがものすごく速い時代である。

テクノロジーは日々進化していくし、価値観も時代とともにめまぐるしく変化していく。私たちが人生の中で学んだ経験は、時代が変わると意味をなさないことが多い。

たとえば、長い時間をかけて習熟した技術も、あっという間に機械にとって代わられるし、その機械さえも、コンピューターにとって代わられる。機械も道具も進化していく。電話はスマートフォンになり、ガソリン車は電気自動車になり、手紙は電子メールになる。

私たちがどんなに知恵を伝えようとしても、「時代が違う」と言われてしまえば、終わりだ。

もはや、私たちには伝えるべき知恵など、ないのだろうか。


そんなことはない。

どんなに時代が変わっても、変わらないものはある。

どんなに時代が変わっても、大切なものはある私たちには、次の世代に伝えるべきものが、必ずあるはずなのである。

未来を作る者たち

「未来を作る者たち」とは、誰のことだろうか？

未来を作るのは若者たちではない。子どもたちでもない。

未来を作るのは、年寄りである。

人類は次の世代のために、「長生きをする」という特徴を手に入れた。

キリンが高い木の葉を食べるために「長い首」に進化させたように、ゾウが敵に襲われないように「巨大な体」に進化させたように、人類は次の世代のために「長生き」に進化させてきたのである。

人類の進化を見れば、年寄りが次の世代のために存在していることは、疑う余地がない。

年寄りは、けっして過去に生きているわけではない。未来を作る者こそが、年寄りなのだ。

「次の世代」である子どもたちや若者たちのために生きる。

「次の時代」という未来のために生きる。

それが「老人」の生き方である。


すべての物語は一粒のタネから始まる。

しかし、そのタネを作るのは、花が咲き終わった老いた植物である。

植物は枯れるときに、タネを残す。このタネは未来そのものだ。


それにしても、と私は思う。

もし、そうであるとすれば、もっともっと長生きできても良さそうなものだ。

もし、二百歳まで生きることができれば、私はもっとたくさんの知恵を子孫に伝えることができる。それどころが、もし不死の体を実現させることができれば、私は千年、二千年の経験を伝えることができるだろう。そうすれば、もっともっと人類は発達するかもしれない。

それなのに……、私たちは老いて死ぬ。

そもそも、どうして私たちは老いて死ぬのだろう？

次章からは、生物が「老いて死ぬ」理由について、生物の進化の歴史をたどりながら考えてみることにしよう。

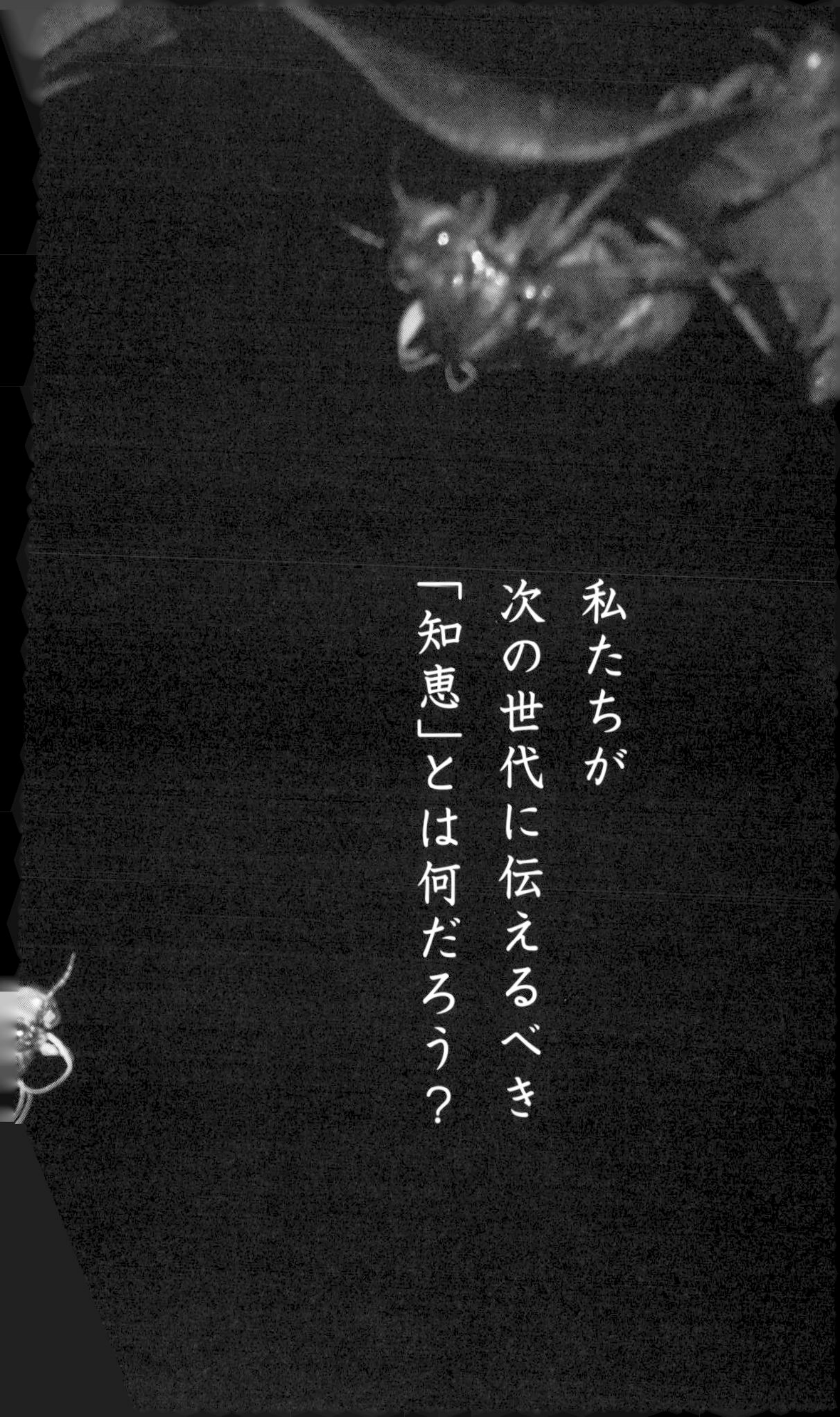

私たちが
次の世代に伝えるべき
「知恵」とは何だろう?

コラム
老いを知る生き物
2

シャチ

多くの生物は生殖能力を失うと、その役割を終えたように死んでいく。つまり、老いるより前に寿命が尽きて死んでしまうのだ。

しかし、人間の女性は、閉経後も長生きをする。人間のように、老いることのできる生物は珍しい。

地球上で、閉経をする生物は、人間と、シャチとゴンドウクジラの三種類だけである。

それにしても、どうして、閉経して繁殖能力を持たないおばあちゃんシャチが長生きをするのだろうか。

最近の研究によって、このおばあちゃんシャチが存在する理由が解明された。おばあちゃんがいない場合と比べて、おばあちゃんがいる群れは、孫の生存率が高まるというのである。そして、おばあちゃんシャチが死ぬと、その後、孫の生存率は低下するという。

海は危険がいっぱいである。おばあちゃんシャチの豊富な経験と知恵が群れを正しく導いていく。そして、母親世代のシャチに子育ての知識を伝え、家族の世話をする。こうしておばあちゃんシャチの存在によって、群れの生存率が高められているのである。

特に厳しい環境では、おばあちゃんの存在が重要になるという。

こうして、おばあちゃんがいる集団が生き残ったことによって、閉経後も長生きをするという特徴が、有利となって選択されてきたのである。

シャチはおばあちゃんをリーダーとして、メスを中心とした群れを作る。

シャチのメスは四十歳くらいになると閉経をして子どもを産まなくなる。しかし、その後、九十歳くらいまでは長生きをするという。驚くことに、閉経した後のほうが、長く生きているのである。

一方、群れを作らないオスは五十歳くらいで死んでしまうという。

生物にとって、「長生き」も生存戦略である。

役割があるからこそ、「長生き」を与えられているのである。

第三章 ジャガイモは死なない

——死を獲得した生命

ジャガイモは生き続ける

そもそも、私たちは、どうして老いて死ぬのだろう?

命あるものには、必ず死が訪れる。
すべての生物は、最後には死ぬ。
これは、逃れられない世の理《ことわり》である。

本当だろうか?

たとえば、ジャガイモはどうだろう。
ジャガイモは茎や葉が枯れてしまっても、枯れる前に芋をつける。こうして、できる芋は、自分の子孫ではない。ジャガイモにとって芋は、自分の体の一部である。言わば、自分そのものなのだ。

この芋を植えると、やがて芽が出て、茎や葉が茂る。

この植物体は、一年前の植物体とまったく同じ性質を持っている。しかも、芋は自分の分身だから、何一つ変わらず、まったく同じように生きている。ジャガイモは死ぬことはないのだ。

茎や葉が枯れてしまうことなど、人間が髪の毛や爪を切って捨てるようなものだ。本体である芋は生きていて、その芋が茎や葉を茂らせ、また芋ができる。こうしてジャガイモは永遠に生き続けるのだ。

ジャガイモは死なないのである。

ジャガイモは永遠なのか？

それでは、ジャガイモは永遠に不滅の存在なのだろうか。

そうだとすれば、どうして他の植物たちは、ジャガイモと同じように永遠の命を選ばないのだろうか。

たとえば、アサガオやヒマワリは、秋になると種を残して枯れてしまう。つまり、子孫を残して、自らは死んでしまうのだ。

ジャガイモのように死なないという選択肢もあるのに、どうして多くの植物は種子を残して枯れてしまうのだろう。

じつは芋で命をつなぐジャガイモには、欠点がある。

「アイルランドの悲劇」と呼ばれる歴史的な事件がある。

十九世紀に、アイルランドでは突如としてジャガイモの疫病が大流行し、ジャガイモが不作となった。この頃のアイルランドの人たちにとって、ジャガイモは重要な食糧であった。そのため、ジャガイモの不作によって、一〇〇万人にも及ぶ人々が餓死する大飢饉となってしまったのである。

ジャガイモは芋で増やすことができるので、アイルランドでは収量の多いたった一つの品種を増やして国中で栽培していった。ところが、一つの品種しかないということは、その品種がある病気にかかれば、国中のジャガイモがその病気に弱いということになる。そのため、疫病によってアイルランド国中のジャガイモが壊滅してしまうという結果を招いてしまったのである。

これは人間が招いた事態であるが、自然界でも同じことが起こる。

芋で分身を増やしていくと、どんなに繁栄しているように見えても、何か事が起これば全滅してしまうリスクがあるのだ。

それでは、どうすれば良いのだろう?

だからこそ、植物たちは種子で子孫を残す。

種子で増えた子孫は、それぞれさまざまな特徴を持っている。

何かの病気が流行っても、どれかは生き残ることができるだろう。

寒さが来れば、寒さに強い子孫が生き残る。日照りが続けば、乾燥に強い子孫が生き残る。

環境の変化を考えると、自分だけが生き続けるよりも、さまざまな子孫を残していったほうが、確実に命がつながっていくのだ。

単細胞生物は死なない

私たちにとって、今、生きているということは、いつか死ぬということである。

しかし、生物の世界を見ると、「命あるものは死ぬ」ということは、けっして当たり前ではない。

「生きること」と「死ぬこと」は、まったく別のことなのである。

何しろ、地球上に生命が誕生したのは、およそ三八億年前のことであるが、「死」が生まれたのは、それからずいぶんと時が経《た》ってからである。その時期は明確ではないが、およそ一五億~五億年前のことだと考えられている。

つまり、地球上に生命が生まれたときには、「死」はまだ誕生していなかったのだ。

そして、それから二〇億年以上もの長い長い間、生命は死ぬことなく生き続けてきたのである。

もちろん、生きているのだから、事故や環境の変化などのアクシデントで命を失うことはあっただろう。しかし、「老いて死ぬ」ということは、なかったのである。

これは、どういうことなのだろう?

どうして、生命は死ぬことになったのだろう?

そして、「死」が誕生したそのとき、進化の歴史にはいったい何が起こったのだろう?

地球上に生命が誕生したとき、それは単純な構造の単細胞生物であった。

単細胞生物は、分裂をして増えていく。ただ、それだけである。

それでは、分裂して増える単細胞生物は、死ぬだろうか?

二つに分裂したとき、どちらが親でどちらが子ということはない。ただ、コピーを増やしていくだけである。もし、寿命があるとすれば、増えたコピーは寿命が尽きればすべて死んでしまうことになるが、もちろん、そんなことはない。単細胞生物は黙々と、コピーを増やしていく。

つまり、単細胞生物は死ぬことはない。ただ、コピーを増やしていくだけなのだ。

もちろん、分裂をしたときに、元の個体は死んでしまって、新しい個体が生まれるのではないか、と考えることもできる。しかし、元の個体の死体が残るわけでもないし、新しく生まれた個体は、元の個体と見た目はまったく区別がつかない。

少なくとも外から観察している限り、単細胞生物は死んでいるとはとても見えない。それは生き続けているとしか思えないのである。

生命は「死」を獲得した

とはいえ、単純にコピーをしているだけだと、時代に置いていかれてしまう。たとえば、環境が変化したとしても、その変化に対応することができないのだ。

そこで、単細胞生物は、ときどき突然変異をして変化を試みる。たとえば、私たちに病気を引き起こす病原性の細菌では、薬が効かなくなる耐性菌が発達することがある。これも、細菌が常に突然変異を繰り返しているからなのだ。

しかし、突然変異だけでは限界がある。

突然変異はコピーミスのようなものである。耐性菌の例に見るように、コピーミスによって優れた形質を手に入れることがあるかもしれないが、コピーミスによって劣化も起こることのほうが多いだろう。

何しろ地球の歴史は、激動の歴史である。火山が爆発して溶岩が流れ出すかと思えば、地球が凍り付くほどの極寒の低温に襲われたりもする。

そのため、単細胞生物は、頻繁に突然変異を繰り返そうとするが、わずかな突然変異で変化しながら、ひたすらコピーをして増え続けるだけの戦略では、厳しい環境を生き抜くことは簡単ではない。

実際に、幸運な単細胞生物たちがわずかに生き残った一方で、多くの単細胞生物たちが絶滅していったことだろう。

壊した後に作り直す

そこで、生命は単純にコピーをするのではなく、一度壊して、新しく作り直すという方法を選ぶようになった。つまりは、スクラップ・アンド・ビルドだ。

しかし、壊すとは言っても、完全に壊してしまえば、元に戻すことはできない。

しかも、一度壊して、新しく作り直したとしても、手持ちの遺伝子だけで作り直したとすれば、結局、よく似た個体になってしまう。

そこで生命がたどりついた方法は、他の個体から材料となる新しい遺伝子をもらうという方法である。

たとえば、ゾウリムシは単細胞生物だが、細菌よりずっと複雑な遺伝子を持っている。体が複雑化すれば、とても突然変異だけで、体をより良く変化させることはできない。

ゾウリムシは、ふだんは細胞分裂をして増えていくが、それだけでは、自分のコピー

図2　ゾウリムシの接合

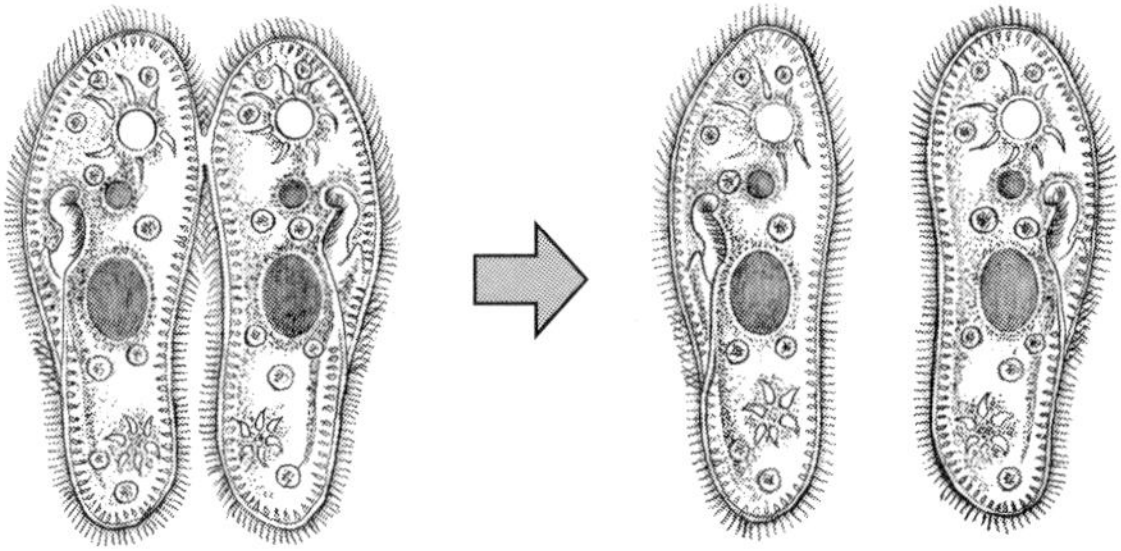

を増やすことしかできない。そこで、ゾウリムシは、二つの個体が出会うと、体をくっつけて、遺伝子を交換する。こうして、遺伝子を変化させていったのである。

元の二つの個体は、接合して遺伝子を交換し、新たな二つの個体となる。

ゾウリムシの数は増えないが、二つの古いゾウリムシは消えてなくなり、二つの新しいゾウリムシが誕生したことになる。

これは、古いゾウリムシにとっては、いったい何が起こったことになるのだろう。新しく生まれ変わったということなのだろうか？

しかし、ゾウリムシにとっては、古い自分はまったく存在しない。別のゾウリムシと交わって新しいゾウリムシが作られるというのは、オスとメスが遺伝子を持ち寄って新しい子どもを作る作業と似ている。

つまり、新しいゾウリムシが生まれた代わりに、もともといたゾウリムシは、この世からいなくなってしまったというわけだ。

古いゾウリムシにとってみれば、これは「死んでしまった」と見ることもできるかもしれない。

死とは与えられたものではない。
高度な進化によって
獲得されたものなのだ。
私たちは、「死」を獲得することに
よって、何を得たのだろう？

コラム
老いを知る生き物
3

池のヌシ

全国各地には「池のヌシ」の伝説がある。

その池に古くから生き続ける生き物は、「池のヌシ」と呼ばれる存在となるのだ。それは巨大な魚であったり、巨大なヘビであったりする。

私たち人間を含む哺乳類は、成長期を過ぎて大人の体になれば、それ以上、成長することはない。しかし、魚や爬虫類は、成長が止まることはなく、死ぬまで体が大きくなり続ける。そのため、長く生きた個体は、巨大な体に成長するのである。

それが、「池のヌシ」である。

年を経て、長く生きた池のヌシは、人知の及ばないような不思議な力を持つ存在と考えられている。

そんな池のヌシには、さまざまな伝説が残されている。

ある池のヌシは、日照りのときに雨を降らせたり、災害から村を救ってくれる。あるいは、婚礼のときに高価なお椀やお膳を貸してくれたり、困っている人にお金を貸してくれる池のヌシもいる。

そんな池のヌシは、人々から神として祀られたり、あがめられたりしている。

また、ある池のヌシは、田畑を荒らしたり、村に災厄をもたらす。

そんな池のヌシは、怪物として、人々に疎まれる。退治されてしまうこともある。

その力で尊敬される存在にもなれば、疎まれたり、ただ恐れられる存在にもなる。

それが「ヌシ」である。

私たち人間は、年を取って、池のヌシのように、体が巨大化することはない。しかし、長く生きていれば、さまざまな知識と経験を積んで、若い人が及ばないような力を持つことができる。若い人が未熟に見えるようにもなる。

ヌシは神にも怪物にもなる。

はたして、私たちは年老いて、どんなヌシになるのだろう？

第四章
そして男と女が生まれた

「死」が生まれて、男と女も生まれた

世の中には、男と女がいる。

もちろん最近は、多様なジェンダーがあって、虹のようなグラデーションになるとされているが、それは男と女という二つの性の間がグラデーションになっているという話であって、対になるのは、男と女である。

生物学的に見れば、オスとメスという二つの性があるだけで、まったく別の第三の性や第四の性があるわけではない。

それでは、どうして、世の中には男と女がいるのだろう。

じつは、生命が「死」を獲得したことによって、男と女もまた、生まれたのである。

どういうことなのだろう？

オスとメスの誕生

前章で見たように、ゾウリムシは、他の個体と遺伝子を交換するという方法を作り出した。

しかし、どうだろう。

せっかく出会った他の個体が、同じような遺伝子しか持っていなかったとすれば、遺伝子を交換する価値がない。

たとえば、せっかく人脈を広げようと異業種交流会に参加したのに、会場に出向けば、誰もが同じネクタイにスーツ姿。これでは業種も仕事もわからない。異業種の人と交流しようと張り切って名刺を交換してみたが、集まった名刺を見るとみんな同じ業界の人ばかりだった。これはこれで、人脈としては活かせるかもしれないが、異業種と交流したいという目的は果たせない。

それならば、見た目でわかるようにしてはどうだろう。ある業界は赤いリボンをつける。別の業界は黄色のリボン、また別の業界は緑色のリボンというように、業種ごとにリボンの色を替えてみる。そうすれば、効率良く異なる業種の人と出会って、名刺を交換することができるようになるだろう。

遺伝子の交換も同じである。

せっかく、個体どうしが出会って遺伝子を交換しても、相手が自分によく似た遺伝子を持つ個体だと、交換した意味がない。できるだけ、自分にない性質の遺伝子を持つ個体と交換したいのである。

そのためには、いくつかのグループを作れば良いのだ。

実際に、前述のゾウリムシは、オスとメスという明確な性があるわけではないが、いくつかの遺伝子の異なるグループがあり、異なるグループの個体とだけ接合して遺伝子を交換する。

生物界に存在するオスとメスという二つのグループも、同じ仕組みである。

オスというグループとメスというグループに分けて、このグループ間でのみの交換にすれば、効率良く遺伝子を交換することができる。

そのために、オスとメスが作られたのである。

古い個体をなくして、新しい個体を作るという仕組みのためには、オスとメスというグループがあると効率が良い。つまり、「死」という仕組みが作られたことによって、男と女という仕組みもまた生まれたのである。

どうして男と女しかいないのか？

「しかし」、と皆さんは思うかもしれない。

グループを作れば効率良く遺伝子を交換できることはわかったが、どうしてオスとメスという二つのグループしかないのだろう。

もし、オスとメス以外にも、グループを作れば、よりバラエティ豊かな遺伝子の交換ができるのではないだろうか。

たとえば、ゾウリムシは、二つの遺伝子のグループがあり、グループ間でのみ接合が行われる。これは、オスとメスの関係によく似ている。

しかし、同じ仲間のヒメゾウリムシには、三つの遺伝子のグループがあり、グループが異なれば、どの組み合わせでも接合が行われる。これは三つの性があると見ることもできる。

性の組み合わせは、オスとメスの二種類でなければならないと決まっているわけではないのだ。

しかし実際には、オスとメスという二種類の性を持つ生き物が圧倒的に多い。

それでは、もし、三つ以上のグループがあったとしたらどうだろう。

たとえば、グーとチョキとパーという三つの性があったらどうだろう。

オスとメスという二つの性からは、オスとメスが生まれる。

グーとチョキからはグーとチョキが生まれ、グーとパーからはグーとパーが生まれる。そして、チョキとパーからはチョキとパーが生まれるのだ。

この三つの種類が、同じくらいの頻度で出会わないと、グーとチョキとパーとの間に偏りが生じてしまう。たとえば、グーとチョキの数が多くなって、グーとチョキの出会う機会が増えると、さらにグーとチョキが増えてしまう。そうなると、グーとチョキの出会いはさらに増加する。

すると次第にパーの数は減少し、ついにはグーとチョキの二種類だけになってしまうかもしれない。そのため、結局のところ、オスとメスのような二つのグループのほうが効率的なのである。

遺伝子は半分しか残せない！

生物は、オスとメスという二つの性を生み出した。

しかし、なぞは残る。

生命にとって、もっとも重要なことは、自らの遺伝子を次の世代に残すことである。

細胞分裂で自分のコピーを増やしていけば、自分の遺伝子をそのまま残すことができる。

しかし、他の個体と遺伝子を交換する場合には、自分の遺伝子と相手の遺伝子を半分ずつ持ち寄って、新しい個体を作ることになる。そのため、自分の遺伝子は半分しか子孫に残すことができないのである。

自分の遺伝子を残すという目的から考えれば、他の個体と遺伝子を交換することは、けっして得な方法とは言えないのだ。

それなのに、多くの生物はオスとメスとが交わって子孫を残している。

ということは、残せる遺伝子が半分になってしまったとしても、何か利点があるはずである。

多様性を作り出す仕組み

たとえば、「あいうえお」という文章があったとする。この文章を変化させてみよう。突然変異が起こって、「あいうえを」となった。喩えるなら、これが単細胞生物の変化の仕方である。

変化したと言っても、あまり変わらない。それでも、「を」というまったく新しい字を生み出さなければならないのだから、一文字を変化させるだけでも大変である。

それでは、ゾウリムシのように、交換してみたらどうだろう。「かきくけこ」という文章と文字を交換してみよう。「あきうけお」と「かいくえこ」という二つの新しい文章が生まれた。確かに変化はしたが、元々二つあったものが、結果的に二つになっただけで、多様性があるとは言えない。

それでは「あいうえお」と「かきくけこ」という文章をコピーして、組み合わせることで、次々に新しい文章を作っていく方法はどうだろう。

たとえば、あ行は、「あ」と「か」の二つから選ぶことができる。い行は「い」と「き」から選ぶことができる。こうして、作られる文字の組み合わせは、二×二×二×二×二で三二通りとなる。たった五文字の組み合わせで三二通りもの文章を作ることができるのである。

親を超えた存在

単細胞生物のゾウリムシは、二つの古い個体が失われて、新しい個体が二つ作られる。これでは、新しい個体がたった二つ作られるだけだ。二つの個体から二つの個体を作っただけだから、これでは、環境の変化があったときに、どちらかが必ず生き残るとは思えない。元のままのほうが良かったということさえ起こりうる。

どんなに遺伝子を交換したとしても、自分が変化するだけでは何通りもの変化をすることはできない。しかし、変化するのではなく、新しい組み合わせを新たに作ろうとすれば、多様な組み合わせを作り出すことができるのだ。

それが親から作られる子どもである。

こうして作られる子孫は、親のコピーではない。まったく新しい、しかもバラエティ豊かな子孫なのである。

つまり、「多様性」を生み出すことができるのだ。

環境は常に変化し続ける。しかも未来の環境変化は、予測不能である。

どんなに優れた個体であっても、変化し続ける環境を生き抜くことは容易ではない。

しかし、バラエティ豊かな多くの子孫が作られていれば、あらゆる環境に対応することができるだろう。

自分の遺伝子を一〇〇パーセント引き継いだ子孫を作り出したとしても、その子孫が環境の変化を克服できずに滅んでしまえば、何も残せなかったことになる。

それよりも、多様性豊かな子孫を残しておけば、そのうちのどれかは生き残るだろう。それが、たとえ自分の遺伝子を半分しか引き継いでいないとしても、まったく残せないことに比べれば、はるかに得である。遺伝子を半分しか伝えられないなどと、ケチなことを言っている場合ではないのだ。

こうして、生物の進化はオスとメスとを作り出したのである。

オスとメスで生み出される多様性

それにしても、オスとメスというたった二種類の性だけで、どれだけの多様性を生み出すことができるのだろう？

たとえば人間の染色体は二三組ある。親はこの二本一組の染色体のうち、一本を子に引き継ぐことになる。つまり子に伝わる染色体は二通りである。

染色体が二本の場合は、二×二で四通りとなる。三本の場合は、二の三乗の八通りとなる。こうやって二三本の染色体について考えていくと、二の二三乗で計算できる。この組み合わせは約八三八万通りとなる。

これが片親から引き継がれる染色体の組み合わせの数である。

実際には、父親と母親の両方から染色体を引き継ぐから、その組み合わせは八三八万×八三八万。驚くことに七〇兆を超える組み合わせになるのだ。

現在、世界の人口は約七八億人だが、一組の両親からだけでも、この約一万倍もの多様な子孫を作ることができるのである。

さらに実際には、染色体が減数分裂をするときに、染色体の一部が入れ替わる「組み換え」が起こる。そう考えれば、オスとメスという二種類の性だけでも、無限の多様性を生み出すことができるのである。

人気のある細胞と人気のない細胞

男と女は、なぞが多い。

生物は子孫を残し、自分の遺伝子を残す。そのために、生物は「死」を生み出し、「性」を生み出したのだ。

しかし、不思議なことがある。どうして、生物には「オス」がいるのだろうか。

何しろ、オスは子どもを産まない。

効率良く子孫を残すために、オスとメスというシステムが生まれたはずなのに、実際に子孫を残すのは、メスだけなのだ。

もし、オスも子どもを産むことができれば、遺伝子を引き継いだ子どもの数は、二倍となる。どうして、子どもを産まないオスという性が存在するのだろうか。


細胞と細胞が遺伝子を交換する場合、どのような細胞が適しているだろうか。

細胞は大きいほうが栄養分が豊富だから、生存に有利である。そのため、大きい細胞は人気がある。大きい細胞と遺伝子を交換することができれば、生存できる可能性が高まるからだ。

もっとも、大きければ大きいほど良いというわけではない。細胞が大きくなると、移動しにくくなってしまうのだ。遺伝子を交換して、子孫を残すためには、細胞どうしが出会わなければならないから、これでは都合が悪い。

大きい細胞は、不利な点もあるのだ。

しかし、大きい細胞は人気があるから、他の細胞のほうから遺伝子を交換してくださいと寄ってくることだろう。そのため実際には、大きい細胞は、そんなに動く必要はない。他の細胞がやってくるのを、待っていれば良いのだ。

そして、動かなくて良い大きい細胞は、より大きくなることができる。

そんな人気のある大きい細胞に寄ってくる細胞は、どのような細胞だろう。

大きい細胞は動かないから、大きい細胞どうしが出会う可能性は少ない。

大きい細胞のところにやってくるのは、動くことのできる小さい細胞だ。

大きさに劣る小さい細胞は、人気がないので、ただ待っているだけでは遺伝子を交換することができない。そのため、大きな細胞のところに移動しなければならないのだ。

少しばかり体が大きくても、所詮、より大きな細胞には勝てないのだ。

より速く、より遠くまで移動するためには、大きな体よりも、むしろ小さな体のほうが有利だ。そこで、大きな細胞とペアになる細胞は、逆に体を小さくして移動能力を高めた。

この動かない大きな細胞がメスの起源であり、動き回る小さな細胞がオスの起源である。生殖の仕組みが発達していく中で、多細胞生物の繁殖にとって、大きな細胞は、やがて卵子というメスの配偶子となり、小さな細胞はやがて精子というオスの配偶子となったのだ。

オスの誕生

オスの配偶子が、体を小さくすると、生存率は低くなってしまう。しかし、それでもオスの配偶子は、メスの配偶子の元に移動するということを優先した。そして、オスの配偶子は、メスの配偶子のために遺伝子を運ぶだけの存在となったのである。それが植物の花粉であり、動物の精子である。

こうして、遺伝子を運ぶだけのオスの配偶子と、遺伝子を受け取って子孫を残すメスの配偶子という役割分担ができたのである。

植物は、一つの花の中におしべとめしべを持ち、雌雄どちらの配偶子も作るものが多い。一方、動物は、効率良く遺伝子を交換するために、オスの配偶子を専門に作る個体とメスの配偶子を専門に作る個体、という二つのグループを作った。これは、生物の進化でもかなり高度な進化である。

植物と同じように一つの個体が、オスの配偶子とメスの配偶子を持てば、すべての個体が子孫を産むことができる。オスの配偶子しか持たずに、子孫を残さないオスという存在は、かなり無駄な存在だ。

しかし、オスの配偶子のみを作る「オス」という個体を作ることによって、より大量のオスの配偶子を作ることができる。一方、オスの配偶子を作ることをやめて、メスの配偶子のみを作る「メス」という個体に特化することによって、よりたくさんの子孫を残すことができる。この役割分担によって、繁殖効率を高めることができるのだ。

こうして、子孫を産むことのない「オス」という特別な存在が誕生したのである。

そして「死」が生まれた

生物の進化における「性」の発明は、効率的な遺伝子の交換を可能にした。

この進化によって生まれたものがある。

それが「死」である。

オスとメスが遺伝子を半分ずつ出し合うことによって、新たな個体が生まれる。そして、新たな個体が生まれた後に、古い個体は舞台を去っていくのだ。

それが「死」である。

地球の歴史の中で、「生命」が生まれたように、「死」もまた、三八億年に及ぶ生命の歴史の中で、作り出されたものである。

生命にとって死ぬことは当たり前ではない。

生命は死ぬのではなく、生命は「死」を獲得した存在なのである。

「形あるものはいつかは滅びる」と言われるように、この世に永遠にあり続けることのできるものはない。何千年、何万年もの間、コピーをし続けるだけでは、永遠の時を生き抜くことは不可能なのだ。

そこで、生命は永遠であり続けるために、自らを壊し、新しく作り直すことを考えた。

つまり、一つの生命は一定期間で死に、その代わりに新しい生命を宿すのである。

新しい命を宿し、子孫を残せば、命のバトンを渡して自らは身を引いていく。

この「死」の発明によって、生命は世代を超えて命のリレーをつなぎながら、永遠であり続けることが可能になったのである。

生と死が繰り返されることで、生命は永遠に続くことができる。永遠であり続けるために、生命は「限りある命」を作り出したのである。

若い者には負けない？

しかし、不思議なことがある。

生命は、環境の変化に対応するために、新しい生命を作り出す方法を獲得した。

とはいえ、新しい生命が生まれたとしても、古い生命もそのまま残っている。古い生命と比較して、新しく生まれた生命のほうが優れているとは限らない。

何も古い生命が死ななくても、新しい生命とともに生き続けて、環境に適応したほうが生き残るという方法でも良さそうなものである。

つまりは、旧世代の生命と、新世代の生命の生存競争である。

本当に新しい生命のほうが優れているのであれば、潔く負けを認め、新しい生命に道を譲ることにしよう。しかし、もし競争のチャンスが与えられるのであれば、古い生命が新しい生命を駆逐し、自分たちの世代のほうが優れていることを証明できるかもしれないではないか。

しかし、生命の進化はその方法を選ばなかった。

古い世代と新しい世代が競争して優劣を決するのではなく、古い世代が自ら滅び、新しい世代に道を譲る方法が最良であるという進化をしたのである。

もしかすると、長い進化の歴史の中では、古い世代が「死ぬ」のではなく、世代間で熾烈《しれつ》な競争をした生物が存在したのかもしれない。しかし進化の結果、古い世代が死ぬという生き物が進化を遂げた。つまり古い世代が「後進に道を譲る」という戦略がそれだけ優れていたということなのである。

「死」は生命が獲得した発明である。

そして、進化の歴史の中で、「死」という生物の戦略もまた、より磨きを掛けられてきたのである。

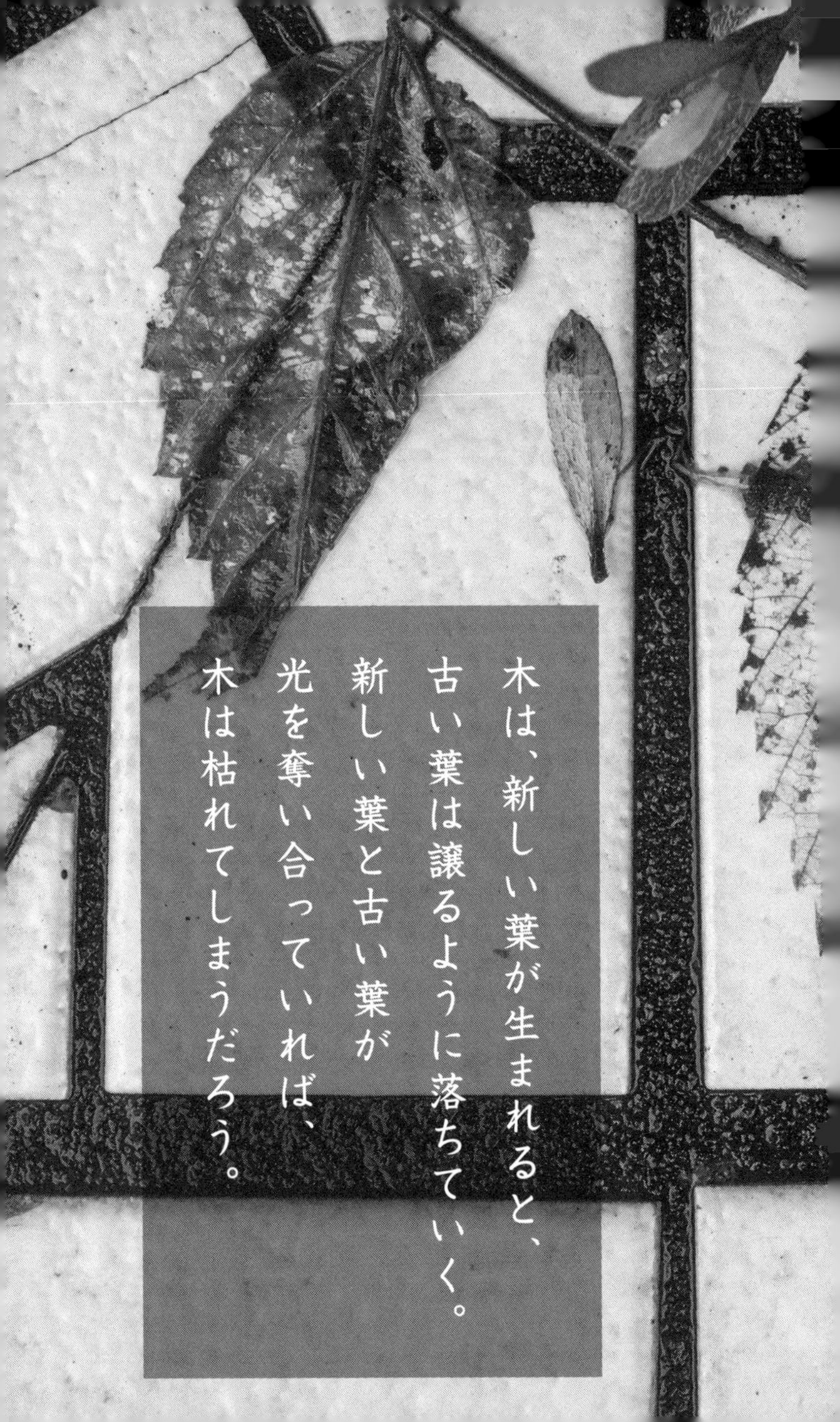

木は、新しい葉が生まれると、
古い葉は譲るように落ちていく。
新しい葉と古い葉が
光を奪い合っていれば、
木は枯れてしまうだろう。

コラム
老いを知る生き物
4

カシワ

端午の節句には、柏餅を食べる。

カシワは葉が大きく、抗菌作用もあることから、餅を包むにはちょうど良い。

しかし、カシワでなくても、他にも葉がある。その中で、カシワが用いられたのには理由がある。

じつは、カシワはめでたい植物であるとされている。

それはどうしてだろうか。

落葉樹であるカシワは、秋になると葉が枯れる。しかし、冬になっても、他の木々のように葉が枯れ落ちることはない。枯れ葉はずっと、枝についたままである。

しかし春になって、新しい芽が出てくると、それを見届けたように葉を落とすのである。命をつなぐように、枯れ葉が去っていくことから、めでたいとされたのである。

同じようにめでたいとされる植物に、ユズリハがある。

ユズリハは、カシワと異なり、秋になっても葉が枯れることのない常緑樹である。冬の間も、葉を青々と茂らせている。

しかし、春になって新しい葉が出ると、古い葉は譲るように落ちていく。それがめでたいとされたのである。

「めでたい」とは、どういうことなのだろう。

マツは、冬になっても青々と葉を茂らせている生命力の強さから、めでたい植物とされている。しかし、いつまでも葉がついていることだけが、めでたいのではない。

古い葉が枯れて落ちていき、新しい葉に代を譲り、命がつながっていくことが「めでたい」のである。

第五章
限りある命に進化する

千年生きる木と、一年で枯れる草

植物の中には、種から一年以内で花を咲かせて枯れてしまう「一年生植物」と、何年も生きることができる「多年生植物」がある。

大きくなる木は、多年生の植物である。

木の中には大木となって、何十年も何百年も生きているものもある。

現在、世界でもっとも長生きしている植物はスウェーデンのトウヒで、その樹齢は九五五〇年であると言われている。およそ一万年も生きているのだ。一万年前というと日本では縄文時代になる。そんな大昔から、生きているというから驚きだ。

一万年とまではいかなくても、日本でも神社のご神木は何百年も生きているし、屋久島の縄文杉は樹齢が二千年以上に及ぶと言われている。

何百年とか何千年といえば、我々人間からすると、時代を超えて永遠の命を生きているようにさえ思える長さだ。

こんなに長く生きる木がある一方で、一年で枯れてしまう草があるから面白い。

ところで、この木と草とでは、どちらがより進化をした植物だろうか。

長生きしている木のほうが、進化した植物のように思えるが、意外なことに一年で枯れてしまう一年生の植物のほうが、より進化した新しいタイプの植物である。

植物はその気になれば、何十年も何百年も生き続けることができるのに、あろうことか短い命に進化しているのである。

私などは、「千年生きる命」と、「一年しかない命」のどちらか一方を選べと言われれば、迷わずに千年の命を選ぶだろう。それなのに植物は、千年生きられる命を捨てて、一年だけ生きる命のほうを選んだのである。

どうしてだろう？

マラソンの限界

すべての生物は死にたくないと思って生命活動を行っている。だから植物は少しでも光を浴びようと枝葉を広げるし、動物は天敵から必死で逃げる。

生き延びたいとすべての生物が懸命なのに、どうして植物は、短い命に進化したのだろうか。

与えられた命を生き抜くことは、命あるものの責務である。

しかし、永遠の命を生き抜くことはできない。何らかのアクシデントがあれば、命を落としてしまう。そのため、生命は、「死」という仕組みを自ら生み出した。

そして、命のリレーをつなげて変化し続けることで、生命は永遠である道を見出したのである。

たとえば、長い距離のマラソンレースを、たった一人で走り抜くことは大変である。

しかも、それは平坦な道ではない。山あり谷ありの障害物レースである。四二・一九五キロ先のゴールに無事にたどりつくのは、簡単なことではないだろう。

しかし、それが一〇〇メートルだったらどうだろう。全力で走り抜くことができるのではないだろうか。もし、多少の障害が待ち構えていたとしても、全力で障害を乗り越えることができるだろう。何しろ、ゴールは目の前に見えているのだ。

どんなにすごいマラソン選手も、短い距離でバトンリレーを繰り返しながら走り続けるチームにはかなわないだろう。

植物も同じである。

千年の寿命を生き抜くことは難しい。途中で障害があれば、枯れてしまうかもしれない。千年を生きることに比べれば、一年の寿命を生き抜くほうが、天命を全うできる可能性が高い。だからこそ、植物は寿命を短くし、短距離を走り切ってバトンを渡すように、次々に世代を更新していく方法を選んだのである。

寿命の長さを決定づけるもの

しかし、一年で枯れるほうが有利であるのなら、すべての植物が一年で枯れる方法を選ばないのはどうしてだろう。

生物にとって、寿命とはいったい何なのだろう?

生物の中には「生き急ぎ、若くして死ぬ」という戦略と、「ゆっくり生きて、年老いて死ぬ」という戦略がある。

一般に体の小さな動物は、寿命が短い。

たとえば、ネズミのように小さな動物は、体の大きな肉食動物に捕食される危険がある。そのため、早く大人になって早く子孫を残さなければならないのだ。

一方、ゾウのように体の大きな動物は、肉食動物に襲われる危険が少ないので、ゆっくりと成長することができる。むしろ大きく強く育つためには、ゆっくりと育ったほうが良い。そのため、ゆっくりと生きる戦略となるのである。

もっとも、よく知られているように、寿命が短い生き物も、寿命が長い生き物も、生涯のうちに心臓が打つ回数には、あまり違いがないらしい。寿命の短いネズミのような小さな動物は、心臓が速く打ち、寿命の長いゾウのような大きな動物は、ゆっくりと鼓動を打つという。

いずれにしても、生物は適したものが生き残り、適さないものが滅びていく自然選択によって進化をしたと考えられている。

「寿命」という戦略もまた、自然選択である。

急いで生きたほうが良いものと、ゆっくりと生きたほうが良いものがいる。

ただ、それだけの話なのだ。

長生きする例外

しかし、体の大きさだけでは説明できないほど、長生きする生き物もいる。

たとえば、コウモリである。

コウモリは、同じくらいの大きさのラットやマウス、ハムスターと比較して、寿命がとても長い。

どうしてなのだろう。

「寿命が短い」というのは、生き抜くための戦略である。

危険が大きい環境では、短い距離でバトンを渡したほうが良い。

しかし、アクシデントがない環境であれば、できるだけ長い距離を走ってバトンを渡したほうが良い。ラットやマウス、ハムスターなどネズミの仲間は、常に天敵に狙われている。とても、ゆっくりと生きている余裕はない。そのため、短い命を生き抜いて、次々にバトンを渡していくのである。

一方、コウモリは、昼間は洞穴《ほらあな》などに身を潜め、夜に空を飛ぶことができるため、天敵に襲われて命を落とすリスクが少ない。そのため、寿命が長いのである。

じつは、死亡率の高い環境では、「短い寿命」に進化することが知られている。

たとえば、英国の実験では、ハコベという雑草は、自然の環境に生えるものに比べて、庭師によって草取りが丹念に行われている植物園では、寿命の短い集団に進化していくという。草取りが行われるような不安定な環境では、短い命をつないでいったほうが得策なのだ。

つまり、寿命が長いということは、それだけ天寿を全うできる安心した環境に置かれているということなのである。

寿命を長くする戦略

それでは、人間はどうだろう。

人間は、同じくらいの体重の生き物と比べると、とても寿命が長い。

医療が発達して、乳児死亡率が減ったり、病気で死ぬリスクが減ったから、寿命が長くなっていると思うかもしれないが、それだけではない。

たとえば、人間の人生が五〇年だったとしても、ゾウと同じくらい長生きということになる。また医療の発達しない昔であっても、六十歳や七十歳くらいまで生きる人は大勢いた。たとえば、徳川家康や毛利元就《もとなり》、伊達《だて》政宗など有名な武将も七十代まで生きているし、「水戸黄門」で有名な水戸光圀《みつくに》も七十三歳まで生きている。五十歳を過ぎて隠居してから日本地図を作成した伊能忠敬《ただたか》が亡くなったのは七十三歳だし、『解体新書』を出した杉田玄白は八十四歳、葛飾北斎は八十八歳だ。

確かに、昔は病気で死ぬことも多かったかもしれないが、潜在的に人間は長生きできる素質を持っていたのだ。

人間は、体力の劣った年長者を保護するだけの力を身につけた。

そして、知恵のある年寄りがいる集団が生き残ることで、人間は「寿命が長いほうが有利である」という戦略を発達させてきたのだ。

人間は、けっして強い生き物ではない。しかし、助け合い、そして年寄りの知恵を活かすことによって生き抜いてきた。その結果として、私たち人間は「長生き」を手に入れたのだ。

どんな生物も、寿命は自分で決めることができない。

どれだけ長生きしたいと思っても、どれだけ死にたくないと思っても、それぞれの生き物にとって、最適な長さの寿命が与えられている。

人間は、寿命が長い。

それは、人間にとって、長生きすることに意味があるということである。そして、「死なずに老いる」ことに意味があるということなのである。

人間は、
長生きに進化した
生き物なのだ。

コラム
老いを知る生き物
5

ウマ

王子さまは白馬に乗って現れる。

女の子であれば誰でも、一度はおとぎ話の白馬の王子さまを夢見ることだろう。

ウマの毛色は、茶褐色のものが多い。白い毛色の馬は、特別で高貴なイメージがある。

この白馬は、年老いたウマである。葦毛《あしげ》の馬と呼ばれる灰色のウマがいる。この葦毛が、年を取ると白くなるのである。

高貴な人の馬車を引いたり、競馬の誘導をしたりする白いウマも、もともとは葦毛のウマである。

中には、生まれつき白い突然変異のウ

マもいるが、それはときどき、白いカラスや白いタヌキが目撃されるのと同じくらい、とても珍しい。

私たちの髪が白くなるように、葦毛の馬も年を取ると、白くなる。

年を取って、すっかり毛が白くなってしまったウマこそが、白馬なのだ。

大切な馬車を引いたり、誘導したりするのは、白馬の見た目の美しさだけでなく、経験を積んで落ち着いたウマであるということもあるのだろう。

「老馬の智、用うべし」という言葉がある。

中国の故事に、山中で道に迷った管仲が、老馬に先導させせよ、と老馬を解き放ち、その後をついていったところ、正しい道に戻ることができた。

老馬は経験が豊かなことから、山中でも道を見つけ出せたのである。そのことから、年老いて年功を積んだ老人の英知は価値があるという意味の言葉である。

年老いたウマは、人を導く力がある。

若きプリンスとプリンセスを導くのは、老いたウマこそがふさわしいのだ。

第六章
老木は老木ではない

大木は死んでいる

たとえば、樹齢千年の木がある。

幹が太い、古い古い大木である。

しかし、この木は本当に千年生きているのだろうか。

千年の昔から、この地に生えてきた大木には、千年分の年輪が刻まれている。

しかし、木になる植物の内部の多くは、じつは死んだ細胞からできている。植物は、生きている細胞は柔らかいが、死んだ細胞は固くなる。この固い細胞が木を支えているのだ。

木を切り倒すと木材が取れるが、この木材の部分は死んだ細胞だ。

よく「木の柱は生きていて呼吸をする」と言われるが、これは死んだ細胞の空洞の中に、湿気が取り込まれるということであり、柱が生きていて呼吸をしているわけではない。

木は死んだ細胞を積み重ねることによって、大きな体を作り上げているのだ。

ときどき、大木の幹に大きな洞《ほら》ができていることがあるが、何しろ、幹の大部分は死んでいるのだから、木にとって、そんなことは何でもないことだ。

それでは、木にとって、生きている細胞は、どこにあるのだろう？

生と死からできているもの

木は、一年ごとに年輪を刻んでいく。そして、幹を太らせていくのだ。

そのため、木の年輪の一番外側の部分に新しい細胞がある。じつは、この外側の細胞だけが生きているのだ。

切り倒された木の断面を見ると、中心部は、濃く変色している。この中心部分は死んだ細胞で形成されている。その外側に、色が薄く白っぽい部分がある。この部分は、細胞が死につつある場所である。

そして、樹皮を取り除いた幹の一番外側にある薄い部分、このわずかな部分だけが、今まさに生命活動を行っているのである。

千年生きているという大木も、実際に生きている部分はほんのわずかである。そして、古い細胞が死んでいき、その上に新たに作られた細胞が積み重ねられているだけなのである。その細胞もやがて死に、その屍《しかばね》の上に、また新しい細胞が作られる。

樹齢千年の木は、それを繰り返しているだけなのだ。

生命活動をしているのは、生まれたばかりの若い細胞である。そして、その細胞は、長生きすることなく、死んで幹となる。

はたして、この木は、本当に千年生きていると言えるのだろうか?

ただ、生と死を繰り返し続けているだけなのではないだろうか?

私の分身は死んでいる

「そんなことは、植物の話だ、我々人間には関係がない」と思うかもしれないが、そうではない。じつは私たち人間の体も、死んだ細胞と生きている細胞とから作られている。

たとえば、私たちの爪は、死んだ細胞である。

爪の細胞は生まれてしばらくすると、核を失い、死んだ細胞となる。そして、死んだ細胞として、私たちの指先を守るのである。

あるいは、髪の毛も、死んだ細胞である。髪の細胞も、生まれてしばらくすると、核を失って、死んだ細胞となる。そして、毛髪となって、私たちの頭を守るのである。

爪や髪の毛は、切っても痛くないし、体の一部という実感もないかもしれない。

しかし、思い返してほしい。

父親の精子と母親の卵子が出会って受精卵となったとき、私たちは、たった一個の細胞だった。その細胞が分裂を繰り返して、私たちの体は作られたのだ。

私たちの体の中の細胞は、すべて分裂したコピーである。すべての細胞は同じ遺伝情報を持っている。しかし、その役割分担によって、あるものは脳細胞となり、あるものは心臓や内臓となる。そして、あるものは爪や髪の毛の細胞となったのだ。

ということは、爪切りで切られる爪の細胞も、ハサミでカットされる髪の毛の細胞も、すべて私たちの分身であることに変わりはない。それらの細胞は、役割分担の中で、たまたま、爪の細胞や髪の毛の細胞になったというだけのことなのだ。

人間の体は数十兆個もの細胞からできている。もし、爪の細胞や髪の毛の細胞が、あなたの体そのものであるという実感がないとすれば、あなたの細胞とは何なのだろう。

それは、脳細胞のことを言うのだろうか。心臓の細胞のことを言うのだろうか。垢となって落ちていく、古い肌の細胞は、あなたの分身ではないのだろうか。

すべてあなたの細胞である。そして、あなたの分身である無数の細胞は、日々命を落としているのである。

大木がそうであったように、私たち人間の体もまた、死んだ細胞と生きている細胞とからできている。

生命の営みにとっては、生きているのも死んでいるのも同じことなのだ。

生まれたての私の細胞

それにしても、不思議なことがある。

私たちの体は、どうして老いていくのだろう。

考えてみてほしい。

私たちの体の中では、常に細胞分裂が繰り返されている。

ということは、常に新しい細胞が生まれているのだ。そんな新しい細胞で私たちの体は作られているのである。

年老いたのだから、体にガタが来るのは当たり前、と思うかもしれないが、そうではない。

確かに、冷蔵庫や洗濯機などの電化製品や、自動車も古くなればガタが来て、調子が悪くなったり、故障してしまったりする。それと同じように、私たちの体も古くなれば、新品のように動かないのは当たり前のような気もする。

しかし、私たちの体は生きている。冷蔵庫や自動車とは根本的に違うのだ。生きている私たちの体の中では、常に新しい細胞が生まれ続けている。私たちの体は生まれたての細胞で作られた新品同様なのだ。

たとえば、私たちの肌の細胞は、およそ四五日で、新しいものへ入れ替わる。ということは、私の体の表面は、生まれて四五日以内の新しい細胞で覆われているはずである。生まれて四五日以内といえば、もう赤ちゃんの肌と変わらないくらいの新鮮さである。

しかし……

どう見ても、私の肌は、作られたばかりの新品には見えない。赤ちゃんのようなみずみずしさもなければ、もちもち感もない。

どうして、私の肌は赤ちゃんの肌のようにピチピチにならないのだろう。

どうして私たちは衰えるのか？

確かに、肌の若々しさは、細胞の新しさだけが関係しているわけではない。たとえば、年を取ると細胞の数が減少してしまう。そのため、外側を覆う皮膚がたるみ、シワができやすくなってしまうのだ。

あるいは、細胞と細胞の間には、コラーゲンや弾性線維がゴムのように弾力を保っている。それらが年月とともに減ったり、切断されてしまうことで、肌の弾力も失われてしまうのだ。

しかし、不思議である。

そうだとすれば、どうして、細胞の数は減ってしまうのだろう。どうして、コラーゲンや弾性線維が失われてしまうのだろう。

確かに、紫外線にさらされると、肌はダメージを受ける。そのため、紫外線の少ない雪国の女性たちは、年を取っても肌がきれいなことが多い。

しかし、雪国の女性たちも、けっして年を取らないわけではない。

もし、紫外線や乾燥のまったくない環境で、一生を過ごすことができれば、老化することなく、若い姿のまま一生を終えることができるのだろうか。

確かに、環境によって老化を遅らせることはできるかもしれないが、それでも確実に老化は進んでいく。

肌だけではない。

人間は年を取れば、体のあちらこちらにガタが来る。

記憶力は落ちるし、体力も落ちる。もちろん、若い者には負けないとばかりに、老人とは思えないような記憶力や体力を自慢する方もいるが、それでも二十代と同じような体のまま一生を終えることはできない。

どんなに抗ってみても、体の中では確実に老化が進んでいくのだ。

どうして、我々は老いるのだろう?

これは、大いなるなぞである。

残念ながら、その明確な理由はわからない。

しかし、確実なことがある。

単細胞生物が細胞分裂を繰り返すように、私たちの体の中では、常に新しい細胞が生まれている。

細胞が分裂することで、私たちは新しく生まれ変わっているはずである。

それなのに、私たちの体は老いていく。

新しいコピーを生み出しながら、新しく生まれ変わりながら、私たちの体は老いていくのである。

これは、誰の仕業でもない。

私たちの体がそれを選択しているのだ。

そして、私たちの体は、それ自身が自ら老いていくのである。

樹齢千年の木は、
本当に千年生きているのだろうか？
年齢が八十歳の人は、
本当に八十年生きているのだろうか？

コラム
老いを知る生き物
6

エビ

お正月の料理に、エビは欠かせない。

エビは、めでたい食材の代表格である。

そもそも、どうしてエビはめでたいのだろうか?

エビは、曲がった腰と長いヒゲを持っている。その姿が、まるで老人のようであることから、「長寿の象徴」とされてきた。

老人の姿が、めでたいとされたのである。

エビは、漢字で「海老」と書く。つまりは「海の老いたもの」なのである。

虫偏に「老」と書く「蛯《エビ》」という字もある。

「蛇」や「蛙」、「蟹」などに「虫」が使われるように、昔はけものや鳥、魚以外は、すべて「虫」であった。そして、海老は、年老いた虫と表されたのだ。

若々しいことが尊いのではない。年老いて見えることが尊かったのだ。

「老」という漢字は、老人が杖をついている姿に由来する象形文字である。

しかし、「老」という漢字には、けっして劣っていたり、弱い存在であるという意味合いはない。「老」というのは、知識や経験に優れた人という意味である。

たとえば、中国語では、学校の先生を「老師」と言う。老師は年老いた先生というだけではない。新任の若い先生も「老師」である。

「老」は、尊敬すべき人を意味する言葉なのである。

そういえば、江戸幕府には「老中」や「大老」という役職があった。

これらの役職は、けっして、年功序列の老人がなったわけではない。たとえば、幕末の動乱期に水野忠邦の後を受けて老中となった阿部正弘は、二十五歳だった。

つまり、「老」は「老人のように優れている」という意味であり、「老人のように尊敬される存在」という意味なのだ。

幕府の老中は、「年寄」とも言った。年寄は「年月を重ねる」という意味がある。

そういえば、相撲でも引退した力士は、年寄となる。年寄りも「年月を重ねた優れた存在」という意味なのだ。
「老」はめでたい存在である。だからこそ、エビはめでたいのだ。

第七章
「若さ」とは幻である

どうして人は老いるのか？

不思議なことがある。

生物は進化の過程で「死」を獲得した。

そして、命を限りあるものにすることによって、永遠の命のつながりを手に入れたのである。

しかし、どうだろう。

寿命があるのは仕方がないかもしれないが、どうして私たちは老いなければならないのだろう。

元気に長生きして、コロリと死ぬという理想を「ピンピンコロリ」と言うが、いつまでも若者のように元気に暮らし、寿命が尽きれば「ハイ、サヨナラ」と死んでも良さそうなものだ。

どうして髪が白くなったり、肌がシワだらけになったり、目が見えなくなったり、耳が聞こえなくなったり、体力が落ちたり、物覚えが悪くなったりしなければならないのだろう。

私たちは「老いて死ぬ」ことは当たり前だと思っているが、よくよく考えてみれば、「老いる」ことと「死ぬ」ことは、別である。

セミたちがある日、突然、いなくなってしまうように、卵を残したサケたちが命を失うように、老いることなく、若々しい姿のままで死んでも良さそうなものである。

どうして老いるのか。

残念ながら、科学が発達した現代であっても、その理由は明らかではない。「老いる」ということは、生命の神秘の一つなのだ。

あるのは「老い」だけである

ホラー映画に登場する吸血鬼は、若い女性の生き血を吸う。そして、永遠の若さを維持しているのである。

正月に飲むお屠蘇《とそ》は、年少者から年長者へと順番に杯《さかずき》を回していく。こうして、年少者から年長者に精気を伝えていくのである。

「若さ」には、何か力強いエネルギーが秘められているイメージがある。

しかし、どうだろう。

じつは、「若さ」というものは、存在しない。「若さ」とは我々の錯覚でしかないのだ。

これを証明する、有名な実験がある。


年を取ったマウスと若いマウスを実験台にして、それぞれの皮膚を縫い合わせて、二匹の血液が混ざるような手術を施した。つまり、老いたマウスと若いマウスが血液を共有するようにしたのだ。その結果、若いマウスに老いたマウスの血液が流れ、老いたマウスに若い血液が流れるようになったのだ。

老いたマウスにとっては、何という幸運だろう。老いた体に若い血潮はよみがえったのだろうか。

ところが、老いたマウスは老いたままだった。そして、あろうことか、若いマウスが老化し始めてしまったのである。

もし、若いマウスの血液の中に「若さのエキス」というものが存在するのであれば、老いたマウスは若返るはずである。

しかし、結果は逆であった。存在していたのは、「老化のエキス」であった。そして、若いマウスが「老化のエキス」の影響を受けてしまったのである。

つまり、「老い」というものは存在するが、「若さ」というものは存在しないのだ。若さとは、幻に過ぎないのだ。

「若い」とは、単に「老い」のプログラムのスイッチがオフの状態なのである。もし、老化のプログラムがスタートしてしまえば、若いマウスでさえ老いてしまう。

若さとは、ただ「老いていない」というだけのことなのだ。

老化のプログラム

生物の老化の仕組みとして知られているのが、テロメアである。

テロメア（telomere）は、末端を意味するtelos（テロス）と、部分を意味するmeros（メロス）から作られた造語である。

テロメアは染色体の末端にあって、DNAを損傷から保護する役割をしている。

このテロメアは、細胞分裂をするたびに短くなっていく。そして、五〇回ほど細胞分裂を繰り返すと、テロメアは最短になって死んでしまうのである。

人間の細胞分裂の回数は有限である。そして、テロメアは、言わば細胞分裂の残り回数をカウントする死へのタイマーの役割を果たしているのだ。

このテロメアによって、細胞は老化し、死んでいく。そして、細胞の集合体である私たちの体もまた、老いて死んでいくのだ。

しかし、どうだろう。

図3　細胞分裂を繰り返すと少しずつテロメアが短くなる

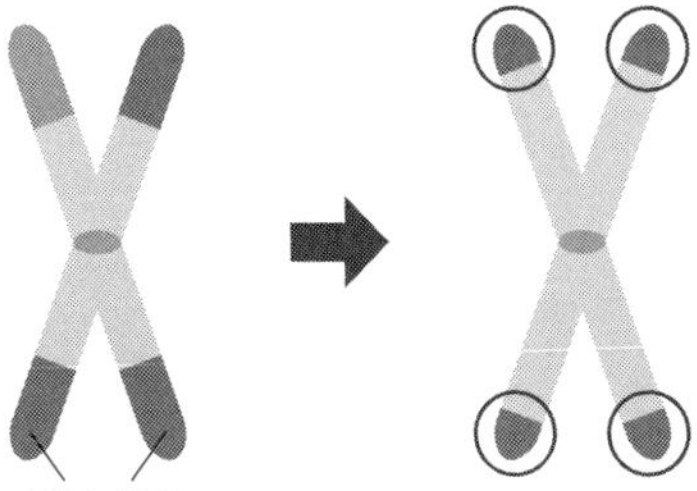

テロメアは、どのようなメカニズムで老化するのかを明確に説明するが、どうして私たちが老いなければならないのかは、説明していない。

テロメアは、細胞が自ら老いるための時限装置である。必要なければ、テロメアなどなくしてしまえばいいのだ。

喩えるなら、テロメアは、一日に一〇回までしかゲームができないというルールを自分で作ったようなものだ。「どうして、ゲームを一〇回しかできないんですか？」と聞かれれば、「それは一〇回までというルールがあるから」と答えるかもしれない。しかし、ルールを作ったのは自分なのだから、都合が悪ければ、そんなルールはなくしてしまえばいい。

それでもルールを作ったのは、勉強時間を確保するためとか、目が疲れないようにするためとか、何か理由があるはずである。

生物の世界は、適者生存である。

長い進化の歴史の過程で、生物はさまざまな進化を繰り返してきた。

もしも、死ぬことが生物にとって不利なことであるとしたら、生物は、そんなテロメアのような危険な仕組みは、とっくに改めているはずである。テロメアのない突然変異や、老いることのない進化をすれば良いだけの話なのだ。

しかし、実際には、私たちの細胞の中には、残り回数をカウントダウンするようなテロメアが存在する。テロメアは、私たちは老いて死ぬことを、より効率良く、より確実に行うために作り出された「仕組み」に過ぎないのだ。

そうであるとすれば、テロメアを作って限りある命にした理由があるはずなのだ。

どうして、私たちは老いて死ぬのか？

それを考えるために、もう一度、生物の進化に思いを馳せてみることにしよう。

多細胞生物の誕生

すでに記したように、三八億年前、地球に誕生した生命には「死」はなかった。その生命はただ、分裂を繰り返していくだけだったのである。

そして、生命の誕生からずいぶんと時が経った一五億〜五億年ほど前、生命は「死」を獲得し、限りある生命を作り出した。すなわち、細胞が集まった多細胞生物が誕生した。

多細胞生物の誕生はなぞに満ちているが、この時期に地球の環境が大きく変動したことと関係していると考えられている。

そして、単細胞生物たちは、劇的な環境の変化を乗り越えるために、群れをなした。小さな魚が群れをなすように、「群れを作る」というのは、生物の変わらぬ戦略だ。

そして、単細胞生物たちも集まって群れるという戦略を手に入れた。

たとえば、たった一つの細胞で生きていくと、細胞の四方八方すべての方向を守らなければならない。しかし、細胞と細胞がくっつけば、半面だけを守ればいい。さらに、細胞が集まれば、群れの内側の細胞は安全になる。くっついて細胞の塊が大きくなればなるほど、内側の安全な細胞の数も増えていく。

そのため、細胞は分裂をして仲間を増やしながら、集まって集合体を作るようになった。こうしてできたのが多細胞生物である。

複雑化する多細胞生物

細胞は、最初は群れを作るように、寄り集まるだけだった。

しかし、寄り集まることによって、細胞はやがてそれぞれが役割を果たすようになる。たとえば、細胞の集まりの外側にいる細胞は、好むと好まざるとにかかわらず、集団を守る役割を与えられる。一方、集団の中にいる細胞は、他の細胞に守られているから、自分を守るということに労力を割かなくても良くなる。そうだとすれば、外側の細胞に栄養を与えるなどのサポートをするほうが、自分の身を守る上では効率的かもしれない。

役割分担を次第に明確にしていく中で、細胞どうしが物質をやり取りし合ったり、信号を送ったりすることによって、よりスムーズに役割を果たすようになる。

こうして、いくつもの細胞が連携して一つの生命活動を行う多細胞生物が生まれていくのである。

多細胞生物の大問題

多細胞生物は、たくさんの細胞が集まって複雑な構造をしている。ところが、もし、これらの細胞が無秩序に分裂を繰り返したらどうなるだろう。

たとえば私たちの体の細胞で言えば、あるものは脳を形成し、あるものは骨となり、あるものは皮膚となる。また、あるものは赤血球として血液の中を流れ、あるものは爪や髪の毛となる。細胞が集まって、高度に分業化され組織化された私たちの体の中で、細胞が勝手に増殖を始めれば、体の秩序を保てずに大混乱となる。

そのため、私たちの体は、次のような仕組みで秩序を保っている。

まず、細胞の増殖は、「幹細胞」という細胞だけが担う。

幹細胞から分裂して作られた「体細胞」は無秩序に分裂するようなことはしない。その分裂回数は、およそ五〇回程度と決められている。こうして、無秩序に細胞が増殖することを防いでいるのだ。

そして、幹細胞からは、次々に新しい体細胞が分裂して生まれ、五〇回の回数制限を超えた古い細胞は役目を終えて死んでいくのだ。

そのための時限装置が、前述したテロメアなのである。

細胞分裂をして染色体が分裂するたびに、テロメアは短くなっていく。そして、分裂を繰り返してテロメアの長さが限界を超えて短くなると、細胞は分裂できなくなるのである。そのため、テロメアは「命の回数券」と呼ばれている。使い切ったら終わりの五〇枚つづりの回数券なのだ。

細胞に課された掟

細胞は、分裂を繰り返す。

もし、体中の細胞に五〇回という制限があるとすれば、体中のすべての細胞が一斉に終わりを迎えることになってしまう。

もちろん、実際にはそうはならない。

分裂回数の制限が設けられているのは、幹細胞から分裂して作られた体細胞だけである。

それでは、分裂を続ける幹細胞は、どうなっているのだろう？

じつは幹細胞は、テロメアが短くなるのを防ぐ仕組みを持っている。

それがテロメラーゼである。テロメラーゼという酵素は、テロメアが短くなるのを防ぎ、テロメアの長さを回復させる働きがあるのだ。

実際には、体細胞はテロメア合成酵素の働きをとめて、自ら時限装置を発動させている。

死への時限装置であるテロメアも、そのテロメアを発動させないためのテロメラーゼという装置も、強制されて持たされているわけではない。自らが作り出した仕組みである。
そして、テロメラーゼを持つ細胞にとって、テロメアが短くなるのを防ぐことは、まったく難しいことではない。しかし、細胞はテロメアという時限装置を自ら動かして、自ら命を削っていく。こうして、体の中の細胞どうしの連携を保っているのである。「細胞は、老いて死ぬ運命にある」。これが多細胞生物の細胞に課せられた鉄の掟である。

ところが、中にはこの掟に逆らって、死ぬことを拒否する細胞がいる。そして、コントロールされることなく、無秩序に増殖を始めるのだ。

これが「がん細胞」と呼ばれる細胞である。がん細胞はテロメラーゼを勝手に使って勝手に増えまくる。言わば「不死の細胞」だ。

私たちの体の細胞は、秩序に従って死んでいくか、それに逆らってがん細胞として生き続けるか、どちらかを選択するしかないのである。もっとも、がん細胞が増えれば、体の機能はコントロールを失って、結局、その体は生きていくことができなくなる。

「死」は、多細胞生物にとって避けられない掟なのだ。

不老不死は可能か？

もし、不死身になれるとしたら、どのような方法があるだろう。

これがおとぎ話であれば、悪魔や鬼神と取り引きして魔術をかけてもらう方法もあるだろう。ＳＦであれば、サイボーグに改造してもらう手段もあるだろう。

いずれも空想の世界の話。と思ったら、じつは、本当に不死身となった女性がいる。

彼女の名前は、ヘンリエッタ・ラックス。じつは、彼女自身は一九五一年に亡くなってしまっている。ところが、彼女のがん細胞が、今も実験室の中で生き続けているのである。その細胞は、彼女の名前から「ＨｅＬａ《ヒーラ》細胞」と名付けられている。

そしてＨｅＬａ細胞は、単細胞生物がそうであるように、細胞分裂を繰り返している。そして、死ぬことなく、生き続けているのである。

私たちは、細胞単位であれば、いつまでも生き長らえることができるのだ。

しかし、はたして、ヘンリエッタ・ラックスは本当に生き続けていると言えるのだろうか。

生物の中にはクローンで生き続けている生き物もいる。

たとえば、女王アリは、死期が近づくと、自分のクローンを作る。そして、自分の分身であるクローンが、次の女王として巣を治めるのである。

自分と同じ遺伝子は、生き続けている。

これは、はたして不死なのだろうか。

もし、遺伝子のコピーがあることが不死なのであれば、私たちは、すでに不死を獲得してしまっている。

何しろ、私たちの子どもや孫の中には、私たちの遺伝子のコピーがある。

たとえ自分に子どもがいなくても、自分の兄弟姉妹の子どもである甥っ子や姪っ子の中にも、自分の遺伝子のコピーはある。

私たちが死んだとしても、地球のどこかに、私の遺伝子は残っている。
こうして、生命は三八億年の生命の歴史を紡いできた。
そうであるとすれば、私たちは、すでに不死の存在なのだ。

そもそも、「私」とは、
いったいどの細胞のことを
言うのだろう？

コラム
老いを知る生き物
7

コイ

　コイはめでたい生き物である。
「竜門」は、中国の黄河にある滝である。その滝を登った魚は竜になると伝えられている。これが「登竜門」である。
　この故事から、「鯉の滝登り」という言葉が作られ、コイは立身出世のシンボルとして、端午の節句の鯉のぼりのモチーフとなっている。
　実際には、さまざまな魚が、登竜門に挑んだとされている。サケやアユなど、急流を遡り、竜門を登りそうな魚はいくらでもいそうなものだ。しかし、そこを登り切ったのは、数ある魚の中でも、コイだけだったのだ。だが、緩やかな流れの池や川に棲むコイは、急流を遡る泳力はない。

それなのに、どうして、竜門を登り切ったのは、コイだったのだろう。

じつは、コイは「川魚の長」と呼ばれている。

コイは立派なヒゲを持っている。そのヒゲから、コイは魚の長老とされたのだ。鯉のぼりのイメージから、コイは若々しく未来ある若さの象徴のようにも思われがちだが、実際は違う。風格のある長老を表しているのだ。だからこそ、コイは長寿のシンボルとされた。そして、「めでたい」とされたのである。

竜は神格化された存在である。

どんな魚でも竜門を登ることができるわけではない。立派なヒゲを蓄えたコイだからこそ、竜門を登り、次のステージへと進むことができたのである。

第八章
植物はアンチエイジングしない

酸素活動は危険が多い

老化を防ぎ、若返りを図ることを「アンチエイジング」という。エイジング（加齢）にアンチ（対抗）しているという意味だ。

そして、そのような抗老化の効果がある物質をアンチエイジング物質という。

世の中には、さまざまなアンチエイジング物質があふれている。テレビを見ればアンチエイジング商品のＣＭが繰り返し流れ、デパートやドラッグストアでも、アンチエイジングのサプリメントが、ところ狭しと並んでいる。

このアンチエイジング物質の重要な効果が、「抗酸化」である。

私たちの体は、酸素呼吸をして生命活動を行っている。

しかし酸素は、物質を酸化させて錆《さ》びつかせてしまうものでもある。そして、酸素呼吸を行う生命活動の中で発生する活性酸素は、さらに酸化させる能力の高い毒性の高い物質なのである。その活性酸素は、体中の細胞を傷つける。ゆえに、病気や老化を防ぐためには、この活性酸素を取り除かなければならないのである。

この活性酸素を取り除く働きをするのが、酸化を防ぐ抗酸化物質である。

もちろん、人間の体の中にも、活性酸素を取り除く抗酸化物質は存在する。

しかし、人間の体内活動は活発で、活性酸素を取り除ききれなくなってしまう。これが、老化やさまざまな病気の原因となっていると考えられているのである。

そこで老化を防ぎ、美容を維持するために登場したのが、「抗酸化物質」なのである。

植物はアンチエイジング物質の宝庫

抗酸化物質には、さまざまなものがある。

ビタミンCやビタミンEなどのビタミン類も、抗酸化物質である。

あるいは、ポリフェノール類と呼ばれるものや、アントシアニンやカロテノイドなども代表的な抗酸化物質である。

これらの抗酸化物質を多く含んでいるのが、植物である。

図4　主な抗酸化物質とその食品

ビタミンA	ニンジン、カボチャ
ビタミンC	ブロッコリー、コマツナ、リンゴ、かんきつ類
ビタミンE	アーモンド、ホウレンソウ
β-カロテン	緑黄色野菜
カテキン	緑茶、紅茶
イソフラボン	大豆、小豆
ケルセチン	タマネギ、そば
アントシアニン	赤ワイン、ナス、ブドウ
カカオ・ポリフェノール	チョコレート、ココア
コーヒー・ポリフェノール	コーヒー
ショウガオール	生姜

植物がビタミン類を多く含んでいることは、説明するまでもないだろう。リンゴやミカン、緑黄色野菜などは、多くのビタミン類を含んでいる。

ポリフェノールは植物が光合成を行うときにできる物質の総称だ。植物に多く含まれる物質だ。よくよく考えてみれば、私たちは多くの植物を食べている。

たとえば、大豆に含まれるイソフラボンや、緑茶に含まれるカテキン、そばに含まれているルチンなどもポリフェノールである。

また、アントシアニンやカロテノイドは、植物の花や果実を色づけるための色素である。

植物がアンチエイジング物質を持っている理由

私たちがアンチエイジングのために利用している物質は、ほとんどが植物由来である。

植物は、アンチエイジング物質を豊富に持っているのだ。

しかし、不思議なことがある。

若返りの物質を豊富に持っているはずの植物でさえも、やがては衰えて枯れていく。

アンチエイジング物質を持つ植物自身は、アンチエイジングしないのだ。

それでは、どうして植物は、アンチエイジング物質を持っているのだろう？


じつは、これには植物の壮絶な戦いが関係している。

植物に襲来する病原菌は多い。しかし植物は動くことができないから、病原菌がウヨウヨいるような環境でも逃げられない。

病原菌がやってきたら、植物はどうするのだろう。

植物病原菌の襲撃を感知すると、植物は活性酸素を大量発生させる。活性酸素は、ありとあらゆるものを錆びつかせてしまう毒性物質である。植物は、この活性酸素を大量に発生させて病原菌を撃退する。おそらく、かつてこの活性酸素は攻撃力の高い武器だったのだろう。

しかし病原菌は病原菌で、植物に感染しなければ生きていくことができないから、植物の防御の対応策を進化させていく。そのため、植物と病原菌とが進化を果たした現在では、活性酸素だけで病原菌を撃退することはできない。

それでも活性酸素の発生は、今でも植物にとって重要な役割を果たしている。活性酸素が発生しているということは、病原菌が襲来しているということを表している。そのため、活性酸素の発生を感じると、植物はこの緊急事態を他の細胞にも伝えていく。つまり、活性酸素は、臨戦態勢をとる合図の役割をしているのである。

活性酸素の発生によって、植物の体は臨戦態勢を整える。まだ病原菌に侵入されていない細胞は、壁面を固くして防御力を上げる。さらに、抗菌物質を大量に生産して、病原菌との戦いに備える。しかし、これらの対抗策は準備にやや時間がかかるという欠点がある。

もし、病原菌の侵入を許してしまったら、細胞はどうすれば良いのだろうか?

プログラムされた死

絶体絶命に陥った植物細胞の最後の手段。それは敵もろともの「自死」である。病原菌に侵入された細胞は、次々に死滅していくのだ。どうして、そんなことをするのだろう。

病原菌の多くは生きた細胞の中でしか生存できない。そのため、細胞が死んでしまえば、侵入した病原菌も死に絶えてしまう。

そのため、感染された細胞は、自らの命と引き換えに、植物体を守るのである。病原菌の攻撃によって細胞が死んでしまったようにも見えるが、そうではない。植物側の防御の仕組みとして、細胞自身が自殺をする。この現象は「アポトーシス（プログラムされた死）」と呼ばれている。

実際には病原菌の侵入を受けた細胞ばかりでなく、周辺の健全な細胞もアポトーシスを起こす。山火事のときに、それ以上、火が燃え広がらないように木を切り倒して食い止めることがあるが、同じように、近接する細胞を死滅させることで、病原菌の広がりを食い止めるのである。

病原菌の攻撃を受けた葉っぱに細胞が死滅した斑点が見られることがある。しかし、実際には病気の症状ではなく、細胞が自殺して病原菌を封じ込めた跡であることも少なくない。

かくして細胞たちの激しい戦いと尊い犠牲によって、植物は病原菌から守られるのである。

戦い終わって

とにもかくにも、植物に平和が訪れた。

映画であれば感動のフィナーレ。人々は肩を抱き合って勝利を喜び合う。そして、歓喜とともに物語が終わる。

ところが、これで終わりではない。物語には続きがあるのだ。

戦い終わってみれば、植物が戦いに使用した大量の活性酸素が残されている。活性酸素は毒性物質だから、植物に対しても悪影響を及ぼす。

戦いが終わった後に不発弾や地雷の撤去が必要なように、この活性酸素を取り除かなければ真の平和は訪れないのだ。

そこで、登場するのが、ポリフェノールやビタミン類など植物が持つ抗酸化物質である。植物は、活性酸素を効率良く除去するためのさまざまな抗酸化物質を持っているのだ。

それだけではない。

活性酸素は、今や防衛の武器というよりも、植物の体の中の細胞に危機を知らせるためのシグナルのような役割をしている。植物のまわりにはさまざまな雑菌がウヨウヨしている。日々、病原菌の攻撃を受け続けている。

さらに植物は、乾燥などの環境ストレスを受けたときにも、緊急事態を知らせるシグナルとして活性酸素を利用するようになった。そのため植物は、常に活性酸素を出したり、除去したりを繰り返しているのだ。

もちろん、私たち人間の体も、活性酸素の発生と除去のシステムを持っている。

しかし、人間や動物は過ごしやすい場所を選んで動くことができるのに対して、植物は動くことができないから、そこが生存に適さない場所でも逃げられない。常に環境ストレスに耐え続けなければならないのだ。

そのため植物は、動物よりも頻繁に活性酸素を発生させては、除去することを繰り返している。そして、抗酸化物質を充実させているのである。

私たちが利用する抗酸化物質の多くが植物由来なのは、そのためなのである。

人間の細胞もまた、ストレスや紫外線などを感知すると、自ら活性酸素を発生させる。そして、その活性酸素は、細胞を傷つけ、さまざまな症状を引き起こす。長く生きていれば、細胞も劣化が進んでしまうだろう。そんな活性酸素を除去するために、植物の抗酸化物質が効果を発揮するのだ。

抗酸化物質は不老の薬ではない

植物は、豊富なアンチエイジング物質を持っている。

しかし、不思議なことに、植物は老化する。

美しい花も、やがて萎れ、生き生きとした葉もやがて枯れていく。

植物にとって抗酸化物質は、アンチエイジングのためのものではなく、病原菌や環境ストレスから身を守るための物質に過ぎないのである。

もっとも、よくよく考えてみれば、私たち人間にとっても、抗酸化物質でアンチエイジングすることはできない。

もしかすると、抗酸化物質は、肌をピチピチに保ち、「肌の老化」を抑制するかもしれないが、それでも体は老化していく。アンチエイジング物質をどんなに摂取しても、老化を止めることはできない。どんなに見た目が若々しく維持できたとしても、体は確実に老いていくのだ。

抗酸化物質は、不老の薬ではない。

「アンチエイジング物質」とは呼ばれていても、抗酸化物質で老化を止めることはできない。抗酸化物質ができるのは、病気になるリスクを減らし、健康に老化を進めることだけなのだ。

植物にとっても、それは同じである。

植物のアンチエイジング物質は、けっして老化しないための物質ではない。植物にとって、それは生きていくための物質である。

そして、植物もまた、大量の抗酸化物質を持ったまま、静かに老いていくのである。

どうして植物は、
若返ろうとは
しないのだろう？

コラム
老いを知る生き物
8

カイロウドウケツ

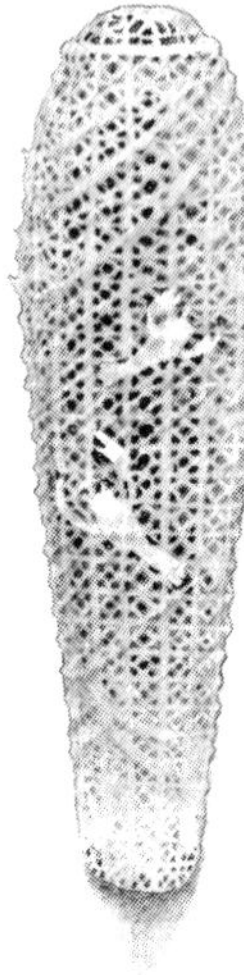

「偕老同穴《かいろうどうけつ》」という言葉がある。

結婚披露宴などで使われるこの言葉は、「偕《とも》に老い、穴《けつ》を同じうせん」と読む。

つまり、「生きては共に老い、死んでは同じ墓に葬られる」という意味で、夫婦の契りの堅いさまを意味する言葉である。

じつは、「偕老同穴」という名前の生物がいる。

カイロウドウケツは、カイロウドウケツ科の海綿動物である。カイロウドウケツの体は細長い円筒状でかごの目のような骨格を持つ。そして、その中にドウケツエビというエビが、暮らしているのである。

ドウケツエビは、カイロウドウケツが食べ残したエサなどを食べて、カイロウドウケツの体の中を清潔に保っている。そして、ドウケツエビはカイロウドウケツのかごの目のような構造の中で暮らすことで、天敵から身を守っている。つまり、ドウケツエビとカイロウドウケツは、共生関係にあるのだ。

ドウケツエビは、幼生のうちにカイロウドウケツのかごの目の中に入ってくる。しかし、そのかごの目の中で暮らしているうちに、ドウケツエビは大きく成長し、カイロウドウケツの中に閉じ込められてしまうのだ。もっとも、カイロウドウケツの中は快適だから、わざわざ危険な外に出る必要はない。そのため、カイロウドウケツから出られなくても、まったく問題はないのだ。

ただし、たった一匹では子孫を残すことができない。そのため、ドウケツエビは、雌雄がペアになってカイロウドウケツの中で暮らしている。まさに死ぬまで共に暮らす「偕老同穴」なのだ。

もともとは、このエビが「偕老同穴」と呼ばれていたが、いつしか海綿動物のほうがカイロウドウケツと呼ばれ、エビはドウケツエビと呼ばれるようになった。

それにしても、おめでたい席で共に「同じ墓に入る」というのは、ふさわしくないような気もするが、そうではない。

結納や結婚式のときには、「共白髪」という言葉を使う。これから結婚しようとする若い二人に向かって「夫婦そろって白髪になる」と言うのである。

結婚式などのおめでたい席では、使ってはいけない忌み言葉がたくさんある。もし、年老いることが忌み嫌われていたとしたら、結婚式で老いたのちの話をするはずがない。共に白髪になることこそが、最上の幸せなのだ。

結婚式というめでたい席だからこそ、誰もが老いることを夢見た。誰もが老いることに憧れていたのである。

結婚披露宴の新郎新婦の席を「高砂」と言う。また、昔は披露宴では、仲人が謡曲の「高砂」を謡《うた》った。「高砂」は、お爺さんとお婆さんの物語である。

これから新しい人生を迎えようという新郎新婦に、新婚生活ではなく、老後の生活の話をするのである。新婚生活ではなく、老後の生活こそが、「夢見る夫婦生活」だったのだ。

昔は年を取って老人になることは、とても幸せでめでたいことだった。

そして、夫婦そろってそれができることは、夢のような幸せだったのだ。

もし今、老後の時間が当たり前のように手に入る時代なのだとしたら、それはきっと「夢のような未来」なのだ。

第九章
宇宙でたった一つのもの

老いを勝ち取った生物

「老い」のない生き物も多い。

本書の内容を復習してみよう。

セミやサケなどは、卵を産むとその役目を終えて、生涯を閉じる。

哺乳類は子育てをするようになって、子孫を残した後も生き長らえるようになった。

しかし、体力が落ちれば、天敵に襲われたり、厳しい環境を克服できずに死んでしまう。

生き物たちは、老いることなく、若いまま死んでいくのだ。

老いることのできる生き物は、人間くらいだ。「老い」は人間の特権である。

確かに人間に飼われているペットや、動物園の動物は老いて死んでいく。それは人間によって保護されているからである。老いることのできる人間が、共存する動物に老いを与えただけなのだ。

私たち人類は、自ら老いても守られる環境を作り上げた。

そして、守られた環境で老人が知恵と経験を発揮することによって、人類はさらに発展してきたのである。

私たち人類は、「老い」を勝ち取ったのだ。

ミッションから解き放たれた旅

私たちは、老いて死ぬようにプログラムされた存在である。

老いて死ぬことは、生物の戦略である。私たちは老いて死ぬことから逃れることはできないのだ。

しかし、である。

そのプログラムは、人間の場合、五〇年くらいの生涯しか想定されていなかったのではないか、と考えられている。

私たちの人体は、とてもよく作られている。しかし、その人体の進化をもってしても、人類が、こんなにも長生きするような社会を作ることは、想定外の出来事だったのだ。


人間の体の細胞の分裂回数は制限されている。この分裂回数の限界は、発見者のレオナード・ヘイフリックに由来して「ヘイフリック限界」と呼ばれている。このヘイフリック限界さえ克服することができれば、人間は不老不死の存在になれるかもしれない。研究者たちは色めき立って、老化のメカニズムや若返りの研究をしている。

しかし、当のヘイフリックは、「生命は老化し、死ぬことから逃れられない」と言う。

生物にとって、重要なことは、次の世代を残すことである。そして、次の世代を残してしまえば、後はどうでもいいことなのだ。ヘイフリックは、それを火星の写真を撮るために打ち上げられた宇宙船に喩えている。その宇宙船は火星の写真を撮って、地球に送れば、もはや用済みである。後は、惰性で宇宙空間を飛んでいるだけだ。

そしてヘイフリックは、生殖を終えた生物も、これと同じだと言うのである。

特に人間は、ミッションである生殖を終え、子育てを終えてからも、ずっと生き続けることができる。

ミッションを失い、宇宙空間に放たれた宇宙船と同じように、それは寂しく孤独な旅なのかもしれない。


しかし、本当にそうだろうか？

それはミッションから解き放たれた旅である。生命の持つミッションからも、プログラムからも解き放たれた、自由な時間でもある。

すべての生物の生命活動は、遺伝子に支配されている。

しかし、どうだろう。

私たちが獲得した「老後の時代」は、生物学の常識からも、遺伝子の支配からも、完全に解き放たれた時間である。私たちの老後には、何のしがらみも、呪縛もない。

老後を生きる私たちこそが、遺伝子の呪縛から解き放たれた最初の生物なのだ。

そうであるとすれば……。

ついに私たち人類は、本当の「自由」を手に入れることができた、とは言えないだろうか。

他の生物には、ぜったいにできない生き方

生き物の戦略は、シンプルである。

「得意な場所で、得意を活かす」

これが、生物の生存戦略の鉄則だ。

生物の世界は弱肉強食、適者生存の世界である。激しい競争が繰り返され、勝者が生き残り、敗れた者は滅びていく。

これが、自然界である。

この厳しい自然界を生き抜く上で必要なことは、「得意な場所で、得意を活かす」ことである。そのため、動物も植物も、ありとあらゆる生き物たちが、自分たちの得意を活かして、生き残っているのである。

この生物の戦略は、今、まさに厳しい競争の中にある若い人たちにとって参考になる。競争を勝ち抜くためには、強みを強みとして活かすしかない。さらには、その強みを活かせる場所を選ぶ必要もある。サルは木の上でこそ、パフォーマンスを発揮する。どんなに泳ぐのが速い魚も、水の外では何もすることができない。ただ、やみくもに戦えば良いというものではない。戦う場所が大切なのだ。

しかし、人類が獲得した「老後の時代」は違う。老後の時代は、生命の進化の歴史の中で、生物が初めて獲得した時間である。そのため、生物の生存戦略などにこだわる必要はない。

生物の戦略の鉄則にしばられない生き方とは、どのようなものだろうか。

私は、その一つは「好きなことをやる」ことだろうと思う。

好きであることと、得意であることは、ときどき一致しない場合もある。

「好きだができないこと」と「嫌いだができること」があるとき、どちらを選ぶべきだろうか。

競争の中に置かれた若い人たちは、間違いなく「嫌いだができること」を選ぶべきである。競争を勝ち抜く上で、「得意であること」が何よりも優先されるからだ。たとえ好きでなくても、得意なことに力を注ぐべきだろう。得意なことは、誰からも褒められるし、成果も出やすい。うまくいけば、そのうち好きになるかもしれない。

しかし、老後は違う。

できなくてもいい、好きなことをしようではないか。

それどころか、「好きでできること」よりも、「好きだができないこと」のほうが良い。上達するわけでもないのに、打ち込めるものがある。やってもやっても上達しない。もし、老後にそんな趣味があれば、こんなに楽しめることはない。

「好きだけどできない」。これこそが、人生を最上にするものなのだ。

若いうちは、たとえ好きでなくても「得意なこと」をやろう。

そして、年齢を重ねたら、得意でなくても「好きなこと」を楽しもうではないか。

それは、人類だけが獲得した楽しみなのだ。

この宇宙でたった一つのもの

あなたは、地球上の誰とも同じではない。

たった一人の存在である。


それは、今現在だけの話ではない。

時間軸で見てみよう。

私たちは親から生まれてきた。単純な細胞分裂ではなく、有性生殖によって生まれた私たちは、けっして親のコピーではない。

もし、あなたに子どもや孫がたくさんいたとしても、あなたの完全なコピーはいない。

あなたは、オンリーワンの存在なのだ。

あなたの先祖をどれだけたどってみても、あなたの親戚をどれだけ探してみても、あなたと同じ人間は一人もいない。

三八億年の生命の歴史の中で、あなたはたった一人のかけがえのない存在なのだ。

たまに、一卵性双生児の兄弟姉妹という遺伝的にオンリーワンでない人もいるかもしれないが、遺伝子はわずかな環境の変化によって、スイッチが入ったりする。たとえ、遺伝子レベルではまったく同じであったとしても、そのスイッチのオンオフまでが、すべて同じになることはありえない。

あなたは、この果てしなく広い宇宙という空間の中で、たった一人の存在なのだ。

あるがままに生きる

私たちは生まれながらにして、オンリーワンの存在である。

そうであるとすれば、わざわざ誰かのマネをする必要もない。誰かと比べることもない。

私たちにとって重要なことは、「与えられたまま」に「あるがまま」に生きるということだろう。
それでは、私たちの「あるがまま」とは、どのような状態なのだろう。
私たちは、それを探し続けなければならない。

そして、イネが豊かに実るように、私たちには老いの季節が与えられている。
イネが豊かに実るように、私たちは、老いの季節を迎えて、ついに完成するのだ。
与えられた人生を「あるがままに生きる」、そして「あるがままに老いる」のだ。
そのとき、私たちは、どう生きるべきなのだろう。
そして、どう老いるべきなのだろう。

「豊かに老いる」とはどういうことだろう？

「豊かに老いる」とはどういうことだろう？

たとえば、「豊かな暮らし」という言葉から、あなたは何を想像するだろうか。

お金持ちになって、広い家に住み、高級車に乗ることだろうか。

それでは、「豊かな人生」という言葉から、あなたは何を想像するだろうか。

「豊かな生き方」はどうだろう。

「豊かな時間」はどうだろう。

本当は何が豊かなのだろう。

「豊かな老い」とは、本当はどういうことなのだろう。

そして人生の終わりに、もし「豊かな死」があるとしたら、それはいったいどういうものなのだろう。

人の成長をイネの成長に当てはめてみると、こんなふうに喩えることもできる。

イネにとって茎を増やして葉を茂らせる最初のステージは、人間で言えば「体の成長」のステージである。

次のステージはどうだろう。

茎を高く伸ばし花を咲かせるステージは、人間で言えば、大人になり「能力に花を咲かせる」ステージである。

それでは、最後に米を実らせる実りのステージとは、何だろう。

私たちにとって、実らせるべき「米」とは何だろう。

それは、富や財産を築くことなのだろうか。

立派な肩書きや名誉、社会的な地位を得ることなのだろうか。

それも大切なことかもしれないが、長い人類の歴史を顧みれば、それだけでは何か物足りないような気がする。

私たちにとって実らせるべき「米」……もしかするとそれは、精神性を高める「心のステージ」になるのではないだろうか。

成長を遂げた体と、身につけた能力を使って、人としての精神性を高めていく。これこそが、葉で作った養分で米を実らせる実りのステージにふさわしいように思えるが、どうだろうか。


それでは、私たちが次の世代に伝えるべきものとは何だろう？

残すべき「米」とは何だろう？

それは、お金だろうか。それとも、歴史に名を残すことだろうか。

それはそれで大切なことなのかもしれないが、長い人類の歴史を顧みれば、それだけでは物足りないような気がする。

私たちにとって残すべき「米」……もしかするとそれは、「生き方」を見せることではないだろうか。

いつの時代も不変なもの、どんなに時代が変化しても次の世代に伝えるべきもの、それは、「生き方」を見せることであり、「老い方」を見せることであり、「死に方」を見せることではないだろうか。

スイスの心理学者、ポール・トゥルニエは言う。

「人は老いに従うことのみによって、老いを自分のものにすることができる」

あるいは、ブッダの説話に、こんな言葉がある。

「長髪が白くなったからといって『長老』なのではない。年を取っただけならば、ただ『老いぼれた人』だ。誠があり、徳があり、慈しみがあって、損なわず、つつしみがあり、自ら整え、汚れを除き、気をつけている人、それこそが『長老』なのだ」

生物である私たちにとって、「老化」は戦略である。そして、生物である私たちにとって、「老い」はもっとも重要な実りのステージである。

人類は、その実りを最大限に活かすことで、これほどまでの発展を遂げてきた。

そして、「老後」という時間を獲得し、作り上げてきたのだ。

そうであるとすれば、どうして、そのステージを軽んじることがあるだろう。どうして、そのステージを忌み嫌うことがあるだろう。

今こそ、私たちにとって大切なことは、そのステージにしっかりと根を下ろし、しっかり老いることではないだろうか。

そして、後に続くもののために、しっかりとした「生き方」を見せることではないだろうか。みんなが憧れる「老い方」を見せることなのではないだろうか。

私たちは、立派な老人にならなければならない。

そう思えば、私たちには時間がない。若返りなどしている暇はないのだ。

こうして、
おじいさんとおばあさんは、
いつまでも、いつまでも、
幸せに暮らしましたとさ。
めでたし、めでたし

コラム
老いを知る生き物
9

カエル

草野心平の詩の中に、私のお気に入りがある。

地球さま。
永いことお世話さまでした。

さようならで御座います。

ありがたう御座いました。
さやうならで御座います。

さやうなら。

これは、「婆さん蛙ミミミの挨拶」という詩である。

この婆さん蛙のように、死んでいくことができたとしたら、どんなにすてきだろう。
そして、カエルは雨を呼ぶ。
八木重吉の「雨」という詩も好きだ。

雨の音がきこえる

雨が降っていたのだ

あのおとのようにそっと世のためにはたらいていよう

雨があがるようにしずかに死んでいこう

すべてのものは死ぬ。そして生と死によって、世界が作られている。
その世界の何と美しいことだろう。
この世は捨てたものではないのだ。

おわりに

……とまぁ、とんでもないことを書いてしまった。赤面ものである。

私は五十歳を過ぎたところで、やっと老いというものを考え始めたところである。人生経験を経た諸先輩方からすれば、まだまだ青二才である。

しかし、どんな人も、老いることと死ぬことから逃れることはできない。

そして、人は、ふと老いと死について考える。

時には、老いと死の恐怖がまとわりついて離れないことさえある。

俳聖と称される松尾芭蕉は、生と死を意識して俳句を詠んだという。

若い頃にその話を聞いたときは、さすが、松尾芭蕉は偉大な人だと感心したものだが、自分が年を取ると、それはごく自然なことだと思い直した。年を経ると、老いることや死ぬことは、誰にとっても、一番の関心事である。

年を経れば経るほど、死ぬことはごく身近なことになっていく。老いることや死ぬことを日々感じたり、日々思ったりする。そして、生きることのありがたさを感じ、生きることに執着したくなる。

生と死について考える。それだけでも、若い人たちに比べれば、深く生きることができている、ということなのだろう。

「死ぬ」ことは、とても不思議なことである。

私たちは死んだら、どうなるのだろう。

すべてのものは死ぬ。

単細胞生物は、死ぬことなく生き続けるという。

それでも、永遠の命というものはない。

この地球さえいつかは死ぬ。太陽さえもいつかは死ぬ。

太陽の寿命は約一〇〇億年。太陽が誕生してから、五〇億年。あと五〇億年もすれば、太陽は膨張し、地球を呑み込んでいく。そして、その太陽さえも爆発して、宇宙の塵《ちり》となる。


人間は死んだら星になるという。

しかし、その星にさえも、終わりはあるのだ。


やがて、塵となった太陽や地球のかけらは、宇宙空間をさまよいながら、また、新たな星を作ることもあるだろう。

ライフネット生命の創業者であり、立命館アジア太平洋大学学長の出口治明さんは、「人は星のかけらから生まれて、星のかけらに戻る」と言う。

その通りだなぁ、と私も思う。


その昔、宇宙が生まれたときに、たくさんの原子が生まれた。

そして、広い広い宇宙で、その原子が集まって星が生まれたのである。

私たちの体は、その星を作った原子でできている。

そして、命を失えば、また原子に戻る。

それだけと言えば、ただそれだけである。


しかし、原子が集まり、また、原子に戻るという、たったそれだけの中に私たちは命の炎を灯している。

そして、はるか昔から、はるか未来にまで、その炎は命のリレーを通じて灯され続けていくのだ。

これはとてもすごいことだし、価値のあることだ、と私は思う。

人はなぜ老いるのだろうか?


じつのところ、その答えはよくわからない。

これだけ大層に本を書いてきたくせに、あまりに無責任な気もするが、じつのところ、本当にわからないのだ。

大昔から誰もが老いてきたし、世界中の誰もが老いるのに、未だにそんなことさえわかっていないのだ。

人生は「なぞ」だらけだ。

生きることも不思議だし、老いることも不思議だし、老いて死ぬことも、また不思議だ。


わからないままに私たちは今日も生きる。

わからないままに私たちは今日も老いる。

「なぞ」があるから、人生は楽しい。
そして、「なぞ」があるからこそ、人生は美しい。
「生きる」という楽しさと美しさを前にして、科学はあまりに無力なのだ。

参考文献

伊藤龍平『ヌシ：神か妖怪か』笠間書院、二〇二一年

上大岡トメ『老いる自分をゆるしてあげる。』幻冬舎、二〇一九年

小林武彦『生物はなぜ死ぬのか』講談社現代新書、二〇二一年

ジョナサン・シルバータウン著、寺町朋子訳『なぜ老いるのか、なぜ死ぬのか、進化論でわかる』インターシフト、二〇一六年

森望『寿命遺伝子：なぜ老いるのか 何が寿命を導くのか』講談社ブルーバックス、二〇二一年

ニュートン別冊『死とは何か 増補第2版』ニュートンプレス、二〇二一年

田沼靖一『ヒトはどうして老いるのか：老化・寿命の科学』ちくま新書、二〇〇二年

山本思外里『老年学に学ぶ：サクセスフル・エイジングの秘密』角川学芸出版、二〇〇八年

レオナード・ヘイフリック著、今西二郎・穂北久美子訳『人はなぜ老いるのか：老化の生物学』三田出版会、一九九六年

ラクレとは…la clef＝フランス語で「鍵」の意味です。
情報が氾濫するいま、時代を読み解き指針を示す
「知識の鍵」を提供します。

中公新書ラクレ
765

生《い》き物《もの》が老《お》いるということ
死《し》と長寿《ちょうじゅ》の進化論《しんかろん》

2022年 6 月10日発行

著者……稲垣栄洋《いながきひでひろ》

発行者……松田陽三
発行所……中央公論新社
〒100-8152 東京都千代田区大手町 1-7-1
電話……販売 03-5299-1730　編集 03-5299-1870
URL https://www.chuko.co.jp/

本文印刷……三晃印刷
カバー印刷……大熊整美堂
製本……小泉製本

Published by CHUOKORON-SHINSHA, INC.
Printed in Japan　ISBN978-4-12-150765-5　C1245

中公新書ラクレ　好評既刊

L718
老いる意味
―うつ、勇気、夢
森村誠一 著

老いれば病気もするし苦悩もする。老人性うつ病を克服した著者の壮絶な体験を告白。だが、身体が老いても病を経験しても心は老いてしまうわけでない。老いを恐れず残された日々を自然体でいること。良いことも悪いこともすべて過去の出来事として水に流す。老いの時間を「続編」や「エピローグ」のつもりでなく「新章」にすればいい。夢は広がり、いくつになっても新しいことが始められる。米寿を迎えた作家・森村誠一渾身の「老い論」の決定版。

L753
エリートと教養
―ポストコロナの日本考
村上陽一郎 著

政治家は「言葉の力」で人々の共感を醸成できるのか？　専門家は学知を社会にどのように届けるべきか？――不信感と反感が渦巻く今こそ、エリートの真価が試されている。そこで改めて教養とは何か、エリートの条件とは何か、根本から本質を問うた。政治、日本語、音楽、生命……文理の枠に収まらない多角的な切り口から、リベラル・アーツとは異なる「教養」の本質をあぶりだす。『ペスト大流行』の著者、科学史・文明史の碩学からのメッセージ。

L759
老いを愛づる
―生命誌からのメッセージ
中村桂子 著

白髪を染めるのをやめてみた。庭の掃除もほどほどに。大谷翔平君や藤井聡太君にときめく――年を重ねるのも悪くない。人間も生きものだから、自然の摂理に素直に暮らしてみよう。ただ気掛かりなのは、環境、感染症、戦争、成長一辺倒の風潮。そこで、老い方上手な諸先輩（フーテンの寅さんから、アフガニスタンに尽くした中村哲医師まで）に学び、次世代につなぐ「命のバトン」を考えたい。生命誌のレジェンドが綴る、晩年のための人生哲学。